AF495417

TABLEAU GÉNÉRAL

DES MAITRES

DISTILLATEURS LIMONADIERS ET VINAIGRIERS

De la Ville, Fauxbourgs & Banlieue de Paris;

POUR L'ANNÉE 1789.

A PARIS,

De l'Imprimerie de CHARDON, rue de la Harpe.

Le Bureau de la Communauté est rue des Bourdonnois, à la Couronne d'or.

Messieurs les Syndics & Adjoints de ladite Communauté, tiennent Bureau tous les Lundis depuis dix heures jusqu'à midi.

Messieurs les Maîtres sont prévenus que conformément aux anciens Réglemens, ils sont tenus, lorsqu'ils changent de demeure, d'en venir faire leur déclaration au Bureau, sous huitaine, à peine de 10 livres d'amende applicables aux Pauvres de ladite Communauté.

Ils sont priés de se trouver audit Bureau aux jour & heure qu'ils en seront avertis par Mandat signé de l'un des Syndics, sous même peine que dessus.

Ils sont aussi priés d'envoyer leurs Garçons lorsqu'ils y seront mandés par les Syndics ou Adjoints.

ORDONNANCE
DE POLICE,

Concernant les Garçons Diſtillateurs, Limonadiers & Vinaigriers de la Ville, Fauxbourgs & Banlieue de Paris.

Du ſix Mars mil ſept cent ſoixante-dix-neuf.

SUR ce qui Nous a été remontré par le Procureur du Roi, qu'avant la ſuppreſſion des Corps & Communautés rétablis & créés par Edit du mois d'Août 1776, il avoit été établi & obſervé dans la Communauté des Limonadiers, différens Réglemens concernant la diſcipline de leurs Garçons, & les formalités qu'ils devoient obſerver lorſqu'ils paſſoient du ſervice d'un Maître à celui d'un autre.

QUE ces Réglemens n'avoient pour but que le maintien du bon ordre & d'une bonne Police parmi ces Garçons, pour prévenir les cabales qu'ils pourroient faire entr'eux, plus préjudiciables encore au ſervice public qu'à l'intérêt des Maîtres ; pourquoi il estimoit nécessaire, pour le maintien de ce bon ordre, d'établir de nouveaux Réglemens, & requéroit qu'il y soit par Nous pourvu.

NOUS, faisant droit sur le requisitoire du Procureur du Roi, ordonnons que les Arrêts, Sentences & Réglemens concernant la discipline des Garçons Distillateurs, Limonadiers & Vinaigriers, travaillant en cette Ville, Fauxbourgs & Banlieue, ensemble l'article XL de l'Edit du mois d'Août 1776, & les Lettres-Patentes du 2 Janvier 1749, y énoncées, seront exécutés selon leur forme & teneur ; en conséquence

ARTICLE PREMIER.

Tous Garçons Distillateurs, Limonadiers & Vinaigriers actuellement en service dans la Ville, Fauxbourgs & Banlieue de Paris, seront tenus, dans la quinzaine du jour de la publication de la présente Ordonnance, & ceux qui viendront par la suite dans cette Capitale, dans les trois jours de leur arrivée, d'aller se faire inscrire au Bureau des Maîtres Distillateurs, Limonadiers & Vinaigriers, & d'y déclarer leur nom, surnom, âge, le lieu de leur naissance, comme aussi le nom du Maître chez lequel ils seront en service lors ; & pour ceux qui seront sans Boutique, ou qui arriveront à Paris, le nom du dernier Maître chez lequel ils auront servi ; laquelle déclaration sera inscrite par le Commis qui sera par Nous préposé, ainsi que le signalement du Garçon, sur un Registre tenu à cet effet audit Bureau & par Nous côté & paraphé.

II.

POUR qu'il n'y ait point d'erreur sur les noms desdits Garçons & les empêcher d'en changer, ils seront tenus, lors desdits enregistremens audit Bureau, de représenter au Préposé leur Extrait-Baptistaire, & de conserver toujours sur eux ledit Extrait, pour le représenter à toutes requisitions.

III.

LE Préposé délivrera à chacun desdits Garçons un Livret, ou petit Registre coté & paraphé par l'un des Syndics ou Adjoints en Charge, en tête duquel sera fait par ledit Préposé le signalement dudit Garçon, avec mention entiere & signée de lui dudit enregistrement; à la suite duquel seront successivement & immédiatement inscrits les déclarations de sortie, certificats de congé & autres enregistremens ci-après ordonnés.

IV.

Chaque fois qu'un Garçon ſortira de chez un Maître pour entrer au ſervice d'un autre, il ſera tenu d'en aller faire ſa déclaration audit Bureau dans les vingt-quatre heures de ſon entrée chez le nouveau Maître, laquelle ſera enregiſtrée, & mention en ſera faite ſur le Livret dudit Garçon.

V.

Aucun Garçon ne pourra quitter le Maître chez lequel il demeure, qu'après l'avoir averti huit jours avant ſa ſortie, duquel avertiſſement le Maître ſera tenu à l'inſtant d'en faire mention ſur le Livret dudit Garçon & en ſa préſence; & lors de la ſortie de ce dernier, le Maître ſera pareillement tenu de certifier à la ſuite de ladite mention, que le Garçon a fait les huit jours preſcrits par ledit Réglement, & de déclarer ſuccinctement dans le Certificat qui ſera auſſi inſcrit ſur ledit Livret, s'il a été ſatisfait ou non de la conduite dudit Garçon.

VI.

Lorsqu'un Garçon ſortira de chez ſon Maître, il ſera tenu de s'en éloigner, & ne pourra entrer qu'après l'expiration d'une année dans les Boutiques voiſines de celle qu'il aura quittée, de maniere qu'il y ait au moins dix Boutiques de la profeſſion entre les maiſons d'où il ſera ſorti pendant le cours d'une année, & celle dans laquelle il ſe propoſera d'entrer.

VII.

DANS le cas où le Maître refuſeroit de faire mention de l'avertiſſement ou de délivrer le certificat de congé, & où le Garçon prétendroit que la déclaration portée audit certificat ne contiendroit pas vérité, le Garçon pourra ſe retirer d'abord devant les Syndics & Adjoints de la Communauté, qui feront en ſorte de les concilier, ſinon il ſe retirera devant le Commiſſaire du quartier, qui ordonnera proviſoirement ce que de droit; & dans le cas de plus ample conteſtation pour le jugement de laquelle il ne croira devoir prendre ſur lui, il Nous en fera ſon rapport à notre premiere Audience de Police, pour, ſur les aſſignations données aux contrevenans, à la requête du Procureur du Roi, être par Nous ordonné ce qu'il appartiendra.

VIII.

UN Maître ne pourra, ſous aucun prétexte, prendre à ſon ſervice un Garçon, qu'après s'être fait repréſenter le Livret dudit Garçon, pour connoître s'il a été enregiſtré au Bureau, & dans le cas où il auroit déja ſervi à Paris, s'il a obtenu le certificat de congé de ſon dernier Maître.

I X.

Avant d'enregiſtrer au Bureau l'entrée du Garçon dans une nouvelle Boutique, le Prépoſé ſe fera repréſenter le Livret dudit Garçon, pour connoître s'il a obtenu le certificat de congé de ſon dernier Maître, & il aura ſoin d'en faire mention dans ſon enregiſtrement, ainſi que de l'atteſtation contenue audit certificat.

X.

Lorsque le Garçon aura fait enregiſtrer au Bureau ſon entrée dans une nouvelle Boutique, il remettra ſon Livret à ſon nouveau Maître, lequel en reſtera dépoſitaire tant que le Garçon demeurera chez lui, pour le repréſenter aux Syndics & Adjoints lorſqu'il en ſera requis.

X I.

Il ſera payé au Bureau, par chaque Garçon, huit ſols pour le premier enregiſtrement, y compris le prix du Livret, & quatre ſols pour chaque déclaration d'entrée en Boutique.

XII.

DANS le cas où le Garçon viendroit à perdre ſon Livret, il lui en ſera délivré un autre par le Prépoſé, ſur lequel ce dernier ſera tenu de tranſcrire les différens enregiſtremens & déclarations relatives audit Garçon, qui ſeront inſcrits ſur ſon Regiſtre; & pour en rendre la recherche plus facile, chaque déclaration fera mention de la date de la déclaration ou de l'enregiſtrement précédent, & il ſera payé au Prépoſé par le Garçon, quatre ſols pour la fourniture du nouveau Livret, & un ſol pour la tranſcription de chaque déclaration ou enregiſtrement.

XIII.

POUR favoriſer les anciens Garçons & les engager à ſe conformer aux diſpoſitions du préſent Réglement, il ſera délivré gratuitement un Livret aux trois cens d'entr'eux qui ſe préſenteront les premiers; & leur premier enregiſtrement ſera fait ſans frais: la dépenſe en ſera faite par la Communauté, & allouée dans le compte des Syndics.

XIV.

LES Maîtres qui auront beſoin de Garçons, & les Garçons qui chercheront des

Boutiques, s'adresseront au Bureau; & le Préposé leur indiquera sans frais, aux uns, les Garçons qui cherchent à se placer; & aux autres, les Boutiques vacantes; pourront néanmoins, tant les Maîtres qui auront besoin de Garçons, que les Garçons qui auront besoin de Boutique, s'en procurer par eux-mêmes, pourvu toutefois qu'ils se conforment à l'article premier, quatre, huit & neuf ci-dessus.

XV.

POUR obvier aux cabales que les Garçons pourroient faire pour quitter en même tems la Boutique dans laquelle ils se trouveront placés, les Maîtres ne seront tenus d'accepter qu'un seul congé de huit jours, en huit jours, de maniere que deux & plus grand nombre de Garçons ne puissent quitter leur Maître que huit jours les uns après les autres.

XVI.

FAISONS défenses aux Maîtres de ladite Communauté, & à toutes autres personnes, de débaucher les Garçons chez leur Maître, soit pour les attirer chez eux, soit pour les employer ailleurs, soit pour les placer chez d'autres Maîtres, sous les peines ci-après.

XVII.

Faisons pareillement défenses aux Maîtres de ladite Communauté & aux Garçons de contrevenir en aucune maniere aux dispositions du présent Réglement, à peine de cinquante livres d'amende contre les Maîtres, & d'emprisonnement contre les Garçons; & pourront les Syndics & Adjoints, sur les déclarations qui leur seront faites des contraventions au présent Réglement, faire des visites chez les contrevenans, assistés d'un Commissaire, qui, après s'être informé de la vérité des faits, fera arrêter les Garçons par la Garde, & les fera emprisonner de son ordonnance.

XVIII.

Les Syndics & Adjoints de ladite Communauté seront tenus de veiller exactement à l'exécution du présent Réglement, & de faire à cet effet de fréquentes visites chez les différens Maîtres, pour connoître s'ils se conforment, ainsi que les Garçons, à ses dispositions; comme aussi de faire dresser Procès-verbal des contraventions qu'ils pourront rencontrer, pour, sur le rapport qui Nous en sera fait par le Commissaire à notre premiere Audience, assignation préalablement donnée à la requête du Procureur du Roi, être par Nous ordonné ce qu'il appartiendra; & quant aux Garçons qui se trouveront être en contravention, ils pourront sur le champ être emprisonnés.

XIX.

MANDONS aux Commissaires du Châtelet, & enjoignons aux Officiers de Police & du Guet, de tenir la main à l'exécution de la présente Ordonnance, qui sera imprimée, lue, publiée & affichée en cette Ville & Fauxbourgs, & par-tout ailleurs où besoin sera.

CE fut fait & donné par Nous JEAN-CHARLES-PIERRE LE NOIR, Chevalier, Conseiller d'Etat, Lieutenant Général de Police de la Ville, Prévôté & Vicomté de Paris le six Mars mil sept cent soixante-dix-neuf.

LE NOIR. MOREAU.

Nota. Ceux qui auroient été omis dans les Tableaux ci-après, ou dont les noms, demeures & dates de Réception ne seroient pas bien exacts, sont priés d'en instruire Messieurs les Syndics & Adjoints.

MESSIEURS LES SYNDICS, ADJOINTS ET ANCIENS SYNDICS EN EXERCICE.

MESSIEURS *LES SYNDICS.*

LACROIX, CLAUDE, V. *rue de la Verrerie.*

GIBÉ, ANDRÉ, Comptable, *porte Saint-Antoine.*

MESSIEURS *LES ADJOINTS.*

DANOIS, ADRIEN, V. *rue des Prêcheurs.*

AUBERTIN, CL. L. a. d. *rue & porte S. Jacques.*

MABILLE, ANT. JOS. L. Doyen, *rue S. Paul*, N°. 14.

MESSIEURS
LES ANCIENS SYNDICS.

HAQUIN, Fr. L. *Place du Palais Royal, au café de la Régence.* PERRET, Michel-Louis, V. *rue de la Mortellerie.*	*Syndics en* 1777.
EMERY, Edme, L. *boulevard du Temple, au Café Turc.* POTRON, Claude, V. *rue neuve des Petits-Champs.*	*Syndics en* 1778.
BORDIN, François, V. ord. de M. Comte d'Artois, Frere du Roi, *rue Simon-le-Franc.*	*Syndic en* 1779.
CAPITAINE LE COMTE, d. Pierre-Mathurin, V. du Roi, de la Reine, & de MONSIEUR, Frere du Roi, *place de l'Ecole.* COGERY, Louis, L. d. *rue Saint-Antoine, au Caffé de Malthe.*	*Syndics en* 1780.
JULLIEN, Jacq. Nicol. V. d. *rue des v. Augustins.*	*Syndic en* 1781.

TOCHON-DANGUY, Jean-Charles, L. d. *rue du F. S. Denis.* DEBEAUVAIS, Cla. Jos. V. d. *rue S. Martin.*	*Syndics* *en* 1782.
LALLEMANT, Louis-Claude, V. *rue de la grande Truanderie.* BORON, Jean, L. d. *sous les petits Pilliers.*	*Syndics* *en* 1783.
RIGNY, Jean, *Pavillon des Quatre Nations.*	*Syndic* *en* 1784.
CUISIN, Pierre, L. *rue du Mouton.* HOULIER, Jean, V. *rue de la Tabletterie.*	*Syndics* *en* 1785.
GRAVELLE, Nicolas-Marc, *rue de Grenelle S. Honoré.* GENAILLE, Etienne-François, V. *rue Bourtibourg.*	*Syndics* *en* 1786.
LOBET, Charles-François, V. *rue des Lavandières S. Opportune.* JANIN, Jean-Jacques, L. *F. S. Denis.*	*Syndics* *en* 1787.

MESSIEURS

LES DÉPUTÉS EN EXERCICE.

1739. DAUTRAY, Jac. V. *rue de la Poterie, aux Halles.*
1751. PATIN, Ant. L. F. *Montmartre.*
1754. HERAT, Denis-Pierre, V. *faux. Montmartre.*
1756. AUGER, Pierre, V. *rue Mouffetard.*
1757. MASSENET, Joſeph, L. *rue de Seine, F. S. Germain.*
1763. LASSERÉE, Renaud, V. *rue des Noyers.*
1766. DOCHE, Charles-François, *vieille rue du Temple.*
1767. MONTIGNY, J. Bap. *Apport-Paris.*
1716. DEBEAUVAIS, Jean-Baptiſte, V. *rue Montmartre.*
1768. TAHERE, Michel, V. *rue du Bacq, près celle de Babylone.*
1776. DEBEAUVAIS, Firmin, *rue Dauphine.*
1770. DANOIS, Touſſaint, *rue des vieux Auguſtins.*
1772. LASSÉ, Fr. André, *rue Paſtourelle.*
1772. HENNIQUE, Médard, V. *rue des Foſſés S. Germain.*
1775. DELAUNAY, Etienne, V. *rue du F. S. Martin.*

1775. GODDET, Dominique, *boulevard du Temple.*

1775. LEMONIER, Joſeph-Jules, V. *rue la Mortellerie.*

1775. FROTIN, Gilles, *boul. du Temple.*

1775. COQUEREL, Antoine, V. *rue S. Martin.*

1777. LACRONIQUE, Franç. *rue S. Denis.*

1777. JACQUEMIN, J. *boul. du Temple.*

1777. MAIZIERES, Etienne, *rue S. Martin.*

1777. BRIOT, Nic. *boul. du Temple.*

1777. LEVASSEUR, Firmin, *rue Trop-va-qui-dure.*

1778. CUISINIER, Martin, *pont S. Michel.*

1778. DETOURNAY, Char. *rue S. Denis.*

1778. D'HOTEL, Pi. Aug. *rue Aubry-le-Boucher.*

1779. LE FEUVE, Pierre, *rue Dauphine.*

MESSIEURS LES OFFICIERS DE LA COMMUNAUTÉ.

Me PARISOT, Avocat au Parlement, *rue Michel le-Comte.*

Me DESROSIERS, Procureur au Parlement, *rue S. Jean-de-Beauvais.*

Me LEMIRE, Notaire, *rue des Déchargeurs.*

Me CHENU, Commiſſaire, *rue Mazarine.*

Me PIERRE, Commiſſaire, *rue Montmartre.*

Me MAUGIS, Procureur au Châtelet, *Place Dauphine.*

Me SIBIRE DE RAOUL, Huiſſier-Commiſſaire-Priſeur, *rue S. Honoré.*

Me LOUIS-JACQUES NICOLLE, Huiſſier à Verge au Châtelet de Paris, *rue du Four, F. S. Germain, coin de celle de l'Egoût.*

PREMIER TABLEAU
DE LA COMMUNAUTÉ
DES LIMONADIERS
ET VINAIGRIERS,

Par ordre alphabétique.

Nota. Les lettres (L.) désignent les *Limonadiers*; (V.) les *Vinaigriers*; (a. j.) les *anciens Jurés*; (a. s.) les *anciens Syndics*; (a. d.) les *anciens Députés*; (tr.) ceux qui ont été reçus par la *Trinité*; (br.) ceux qui ont levé des *Brevets* aux Parties Casuelles.

A

1756.

AUGERE, Pierre, V. d. *rue Mouffetard, près celle Pot-de-Fer*, 27 Fév.

1775.

Andreau, Pi. L. a. d. *rue Comtesse-d'Artois*, 7 Août

1776.

Arnaud, Pierre, L. d. *q. des August.* 6 Déc.

Arnoult, André, *rue Notre-Dame des Victoires*, 17 Déc.

Agard, Antoine, 18 Déc.

1777.

Auger, Fr. a. d. *rue S. Antoine*, 19 Sep.

Antrefille, *dit* Laroche, Antoine, *rue des Bons-Enfans Saint-Honoré*, 19 Sept.

1778.

Amaury, Guillaume-Charles, 1 Mai.

Andrevon, Dominique, *rue Montmartre*, 25 Sept.

1779.

Antoine, Louis-François, 30 Avril.

Acloque, Firmin, *rue S. Louis, près le Palais*, 30 Juill.

Atroffe, Antoine, *rue S. Dominique, au gros Caillou*, 27 Août.

Aubert, Noël-Louis, *rue du Bacq*, 30 Sept.

Angle, Claude, *rue du Pélican*, 26 Nov.

1780.

Arlaud, Antoine, *quai de la Tournelle*, 28 Janv.

Aubertot, Louis, 20 Avr.

Albert, Guillaume, *rue saint-Dominique, au gros Caillou*, } 26 Mai.

Adam, Nicolas, *Montagne Ste Genevieve*, }

1782.

Adam, Jean-Grégoire, 26 Juill.

1783.

Anceaume, J. L. *rue S. Martin*, 23 Mai.

Angot, Jacq. 22 Août.

Arault, Ed. Ja. 19 Sept.

1784.

Angle, François,, *rue Bailleul*, 31 Juill.

1785.

Arminjon, Joseph, *rue Bourg-l'Abbé*, 28 Fév.

Armand, J. B. *rue S. Domin. fauxb. S. Germain*, 29 Sept.

1786.

Ancelin, Jean-Bapt. *rue Favard*, 28 Sept.

Asfratte, François, 28 Sept.

1787.

Armand, Fran. *rue de la Harpe*, 7 Août.

1788.

Aubé, Ja. Mo. Ov. *rue de Clery*.

B

1744.

Bertault, Charl. Thomas, V. a. j. a. d. *rue du Four*, *F. S. Ger.* 12 Fév.

1746.

Bence, Maurice, V. a. j. a d. *rue & porte S. Martin*, 12 Juin.

1751.

Bourdon, Jean-Pierre, V. 10 Juin.

1754.

Bourdon, Pierre-Franç. V. 16 Janv.

1755.

Bertault, Franç. V. a. j. a. d. *rue de Grenelle S. Honoré*, 18 Oct.

1756.

Binet, Clau. Jac. V. *rue du Harlay*, 20 Oct.

1758.

Bailly, L.D. r. *des Marmouzets*, V. 29 Nov.

1759.

Boudin, J.B. a.d. V. r. *des Arcis*, 20 Janv.

1763.

Bocahu, Charles, V. 20 Avril.

1764.

Bizet, François-Andr. V. a. d.
rue & près la porte S. Antoine, 22 Août.

1766.

Bizet, Clément-Abraham, V. 17 Juin.

1770.

Buteux, Ch. L. a. d. *à la Cr. rouge*, 14 Mai
Baudry, Th. D. V. a. d. r. *Mouff.* 20 Nov.

1776.

Bois, Nicolas, *place Dauphine*, 6 Déc.
Bailly, Ant. } 10 Déc.
Boutillier, Touss. }
Baudel, J. B. a. d. *porte Montm.* 13 Déc.
Besson, Augustin, *rue Montmartre*, } 17 Déc.
Breugnot, Jean, }
Breton, Cl. *rue de Vaugirard*, }
Bouvet, Jean, *rue du Four S. H.* }
Boudard, Edme, a. d. *q. de l'Ecole*, 18 Déc.
Bidaut, Benigne, *Abb. S. Martin*, } 18 Déc.
Boursier, Jac. Ch. *rue des 2 Ecus*, }
Barat, Toussaint, }
Baton, Joseph-Fr. *rue de Bussy*, } 20 Déc.
Berger, Ch. *rue du Fau. du Temple*, }
Beauvarlet, Nicolas, } 24 Déc.
Bertault, Fr. Hen. *rue des petites* }
Ecuries du Roi, }

1777.

Borel, Jacques, *rue des Tournelles*, 18 Avril.
Bachelier, Pierre, *rue de Seine, fauxbourg Saint-Germain*, }
Barlot, Jacques, } 27 Mai.
Briot, Nic. d. *boul. du Temple*, }
Bernier, Julien, *rue Mouffetard*, } 11 Juill.
Billeux, Fr. 22 Août.
Beuget, Jean, *rue Mazarine*, 26 Sept.
Barbet, Guil. Ger. *boul. du Midi*, 30 Sep.
Boullier, François-Léon, *au préau de la Foire S. G.* 30 Oct.

1778.

Broquin, Simon-François, 30 Janv.
Bouché, Joseph, }
Bayl, Léo. *rue Traversine S. Vict.* } 13 Fév.
Baquia, Guill. }
Bouquer, Charles-Alexandre, } 27 Fév.
Boisson, Pierre, *rue du Poirier*, }
Briot, Mathias, *rue Princesse*, } 27 Mars.
Bourbon, J. *rue de la Mortellerie*, 29 Mai.
Braizette, Cl. *rue du F. S. Denis*, 26 Juin.
Bourdon, P. 31 Juill.
Berneron, Jean-Franç. a. d. *rue Grenetat*, }
Binard, Sim. Ben. }
Berthelin, Pi. *place S. Michel*, }
Brabant, Laurent, *rue de Poitou*, } 28 Août.
Boutard, Nicolas, *rue saint-Lazare, aux Porcherons*, }
Baudouin, André, *rue de Seine Saint-Victor*, }

1778.

Boudiet, Antoine,
Béal, Didier, *sous les Pili. d'Etain*, 25 Sept.
Bitouzé, Pierre,
Blavier, Pierre, *rue des Bourdonn.* 27 Nov.

1779.

Bunout, Julien, 26 Fév.
Boutiller, Louis, 28 Mai.
Burney, Claude-François, *rue de Bourbon, F. S. Germain*, 25 Juin.
Bailly, Antoine, *Port au Bled*, 30 Juill.
Bayvel, Jacques, 27 Août.
Broisse, Ch. *rue de la Bucherie*, 30 Sept.
Bazire, J.
Belledame, Mar. *rue Beaubourg*,
Becet, A. L. *rue de Bretagne*, 30 Sept.
Boisiere, Aub. *rue de la Verrerie*,
Boco, Adrien,
Buteux, Nicolas, *Marché Neuf*, 26 Nov.

1780.

Besson, Edme, *rue Galande*, 28 Jan.
Boudray, Pi. *r. de la Michaudiere*, 28 Janv.
Bernard, J. Cl. *rue Mouffetard*, 25 Fév.
Boistel, Victor, 31 Mars
Brault, Phil. *rue Phelipeaux*,
Beonnard, Pi.
Becquerelle, Jean-Noël, *rue de Babylone*. 26 Mai.
Baunier, Jean-Baptiste,
Boissel, Jean-Claude, *à la Halle*, 1 Sept.
Becquet, Ed. *rue des Tournelles*,

Barthold,

1780.

Barthold, Cl. F. *rue Mouffetard*, 27 Oct.

1781.

Billet, J. Sim. *chauffée S. Ant.* 26 Janv.

Boulanger, Jac. *rue S. Victor*, } 27 Avril.
Boivin, François, }

Brochot, Jac. Ifaac, } 25 Mai.
Benard, Urbain, *marche S G.* }

Bouguet, Claude-Fran. *r. de la vieille Draperie*, } 27 Sept.
Briout, Jean, *rue S. Jacques*, }

Belin, Nic. Guil. *rue S. Paul*, 31 Nov.

Bouton, Pi. Aug. 31 Nov.

1782.

Bouton, Jean, *r. Jean de l'Epine*, 27 Mars.

Beauffe, P. Guil. *porte Montmar.* 25 Avril.

Bruyant, Gabriel, *rue Saint-Dominique*, 31 Mai.

Bolle, Fran. Xavi. *rue Galande*, 7 Juin.

Bonnaz, J. M. *r. de la Mortellerie*, 26 Juill.

Bofquet, Jacques, *r. Phelippeaux*, 25 Nov.

1783.

Brulleboeuf, An. *rue S. Honoré*, 23 Mai.

Brivois, Nic. *marché S. Jean*, 27 Juin.

Bardoullat, H. Fr. *rue S. Honoré*, 25 Juill.

Bofferelle, Etienne, *r. S. Denis*, } 19 Sept.
Boucher, Jacques, *r. S. Honoré*, }

Broutin, Jean-B. *rue du Fauxb. Montmartre*, 26 Déc.

1784.

Bunel, Jacques, *r. Comt. d'Artois*, 30 Avril.

1784.

Briet, Pierre, *rue de Viarme*,	31 Juill.
Bastien, Théodore, *rue de Séve*,	31 Août.
Besson, Antoine, *Marché S. Jean*,	21 Sept.
Boulard, Rob. *r. des Deux Ponts*,	
Bazin, Jean, *rue de la Coutellerie*,	30 Sept.
Boulanger, Pierre,	
Berdurand, Fr. *rue de Grammont*.	

1785.

Boildieu, J. F.	3 Janv.
Berthe, Joseph,	25 Janv.
Bouillant, Pierre, *rue Aumaire*,	29 Avr.
Beaupied, Pierre-Mar. *r. S. Den.*	
Bouilly, Louis-Mar. *rue S. Den.*	
Bouguerel, Jean,	
Beudin, J. C. *rue neuve S. Marc.*	23 Juin.
Boulnois, J. B. *fauxb. S. Honoré*,	
Bertrand, Charles, *r. du p. Bacq*,	
Berthé, Joseph,	11 Août.
Billard, P. *r. des Orties*, *B. S. R.*	
Boulanger, P. *Place aux Veaux*,	30 Août.
Bourgeois, Alexis, *Place de Ville*.	15 Sept.
Beuhet, Jacques-Charles, *vieille rue du Temple*.	

1786.

Benoist, Ant. Jos. Henri, *rue du Coq S. Honoré*,	4 Mai.
Blin, Jacques,	8 Août.
Baulard, Charles, *rue de la Harpe*,	
Bouché, Ant Jos. *rue du Jardin du Roi*,	
Baron, Ant. Nic. *rue Coquillere*,	

Berger, Joseph, *rue S. André*, 31 Août.

Bellot, Jean-Bapt.
Baudin, Jos. *rue n. des Capucins*, } 28 Sept.

1787.

Berton, Eloy, *rue* 10 Févr.

Binet, Fr. *place de Ville*,
Blin, Je, Bap. *rue de la Tacherie*,
Bureau, Cl. *rue d'Angivilliers*, } 12 Mai.

Bardou, Alex. *rue du Boulloir*,
Binet, Den. *rue de la Cordonnerie*, } 19 Juin.

Brullebeuf, Et. *rue d'Argenteuil*, 11 Juill.

Barera, Jos. *rue S. Honoré*,
Bertrand, Jean, *rue du Bout-du-Monde*,
Bertrand, Fran. *rue des Capucins*, } 7 Août.

Bizet, Ch. *rue de la Jouaillerie*, 1 Sept.

Beauquene, Nic. Thé. *rue Marché Pallu*,
Beauvilliers, Antoine, *enclos du Palais Royal*,
Boulanger, Je.
Brunner, Jean-Georges, *rue S. André-des-Arcs*, } 27 Sept.

1788.

Bezombet, Ant. *rue S. Denis*, 2 Juil.

Bournon, Ch. *Boul. S. Honoré*,
Boulard, Nicolas, *rue de Seine saint-Germain*,
Bellet, August. *rue de Tournon*, } 16 Août.

 1788.

Bertrand, François, *Passage des Petits-Peres*, } 9 Sept.
Bayard, Louis, *rue Tiquetonne*, }

Bernoing, Pierre, *rue Neuve saint-Martin*, 3 Oct.

Billon, A. Maur. *r. N. S. Martin*,

C

1728.

Chahau, Ant. V. 30 Sept.

1756.

Cordier, Jean-Pierre, L. a. j. a. d. *rue des Petits-Champs*, 27 Avr.

1756.

Chatelin, L. V. *r. de la Cossonnerie*, 28 Juill.

Camus, Jean-Laur. V. 27 Sept.

1758.

Credillon, Nicolas-Franç. V. 6 Mars.

1759.

Chevalier, Jean, L. a. j. a. d. *rue & porte S. Martin*, 27 Mai.

Cavillier, André, V. *r. S. Antoine*, 28 Août.

1768.

Cornu, Pier. V. a. d. *r. de la vieille Bouclerie*,

1773.

Cuqu, Jos. V. *barr. de la Pologne*, } 6 Mai.
Camus, Jean-André, }

1774.

Cuisinier, J. B. L. a. d. *galerie du Palais Royal*. 3 Mars.

1775.

Coquerel, An. V. d. r. *S. Mart.* 29 Août.

1776.

Coupy, Louis, *fauxb. du Temple*, 10 Déc.
Courtaux, Nic. 13 Déc.
Colas, Henri,
Coutin, J. *rue*
Chanlin, François, *rue du Faux. S. Jacques*,
Crue, Michel, } 17 Déc.
Qretté, Etienne-Denis, a. d. *rue de la Savonnerie*, 18 Déc.
Chatelin, Pierre-Louis, *rue des Orties du Louvre*, 20 Déc.

1777.

Charlot, Emery, (tr.) *Boulevard Poissonniere*, 7 Fév.
Clément, Simon, *rue Etienne*, 28 Fév.
Clerambaut, Ph. 1 Août.
Champeaux, Pierre-Basse, 22 Août.
Colignon, Jean, *rue de Bondy*,
Conet, J. Bap. *rue des Tournelles*, } 19 Sept.

1778.

Cornette, Nicolas, *rue de Verneuil*, 20 Fév.
Coilly, J. B. *rue gr. & p. Friperie*,
Chanée, Pierre-Jean,
Civeton, Christ. } 29 Mars.
Cuisinier, Mart. d. *pont S. Michel*, 26 Juin.
Cauvin, Jean-Baptiste, *vieille rue du Temple*,
Chagot, Pierre, *rue de la Vannerie*, } 31 Juill.

1778.

Cordier, Ja. Fi. *rue de Charenton*, 28 Août.
Cheviron, Alexandre,
Curmer, J. C. } 25 Sept.

1779.

Collet, J. Jos. *rue de l'Université*, 8 Janv.
Corrazza, Louis, *Gal. du P. Royal*, 26 Fév.
Cudot, Pi. *rue de la Magdeleine*, 30 Avr.
Chery, Pierre, *rue Coqueron*, 28 Mai.
Choffet, François, 25 Juin.
Chanvin, Eti. *rue de la Calandre*, 30 Juill.
Carré, Antoine, *rue de Bondy*, 27 Août.
Crespin, Cl. Val. *rue des Mathur.* 31 Mars.
Cavalaubre, Thomas,
Cintract, François, } 28 Avril.
Cayla, Jean-Alexis, *passage S. Eustache*, 28 Juil.
Chierdelle, Christophe, 28 Juil.
Collignon, Claude-Nicolas, 1 Sept.
Cailleux, Vulfrand-Gerv. 9 Sept.
Cauet, Antoine, 24 Nov.
Chastel, François, 29 Déc.

1781.

Crespin, L. A. *rue Pl. Mibray*, 25 Mai.
Chaussin, Fran. *rue*
Catel, Jean, *rue des Brodeurs*, } 31 Août.
Clabaut, Jean-Pierre,
Chambert, Germain, 27 Sept.
Cantel, J. Dom. 26 Oct.

1782.

Colignon, Ja. (tr.) *r. Maubué*,
Chevalier, Hil. *rue Montmartre*, } 25 Janv.

1782.

Carré, Germain, Coulon, An. *rue Beaubourg*,	31 Mai.
Cance, Ant. *r. Jean S. Denis*, Cezar, Pierre-Antoine, Considere, Joseph,	7 Juin.
Crozot, Nicolas-Adrien, *rue des Capucines*,	28 Juin.
Coutchy, Ren.	26 Juill.

1783.

Courtibout, Claude-Eugene,	28 Mars.
Condamina, J. Bap. *rue d'Enfer en la Cité*,	23 Mai.
Chevance, J. B. *rue & F. S Denis*,	25 Juill.
Campenon, Claude, *rue du F. S. Jacques*, Chardet, Jean-Denis, *rue des Boucheries S. Honoré*,	19 Sept.

1784.

Cavillier, Ad. Pi. *rue des 4 Fils*,	22 Juin.
Cureau, Pierre, *rue de la Tixéranderie*, Cavet, Ch. *rue*	31 Juill.
Cauffin, Louis-François, *rue des Fossés M. le Prince*,	21 Août.

1785.

Colignon, Charles, *Boulevard du Temple*,	23 Juin.
Charlet, Thibaut, *rue Aumaire*,	30 Août.
Chanlair, Amb. *boul. du Temple*,	29 Sept.

1785.

Canville, Hyacinte-Amable, } 29 Sept.
Clereaux, J. B. r. *des p. Champs*,
Couvert, Thomas, *rue Mazarine*,
Chaperon, Je. Lo. r. *Dauphine*, 22 Nov.

1786.

Corbin, Franç. *chaussée d'Antin*, 4 Mai.
Cravillon, Julien-Louis, *rue des Petites Ecuries*, } 8 Août.
Courtray, Jean-Ch. Henri, *rue Haute-Feuille*,
Chanlair, Fréd. *quai S. Paul*, 9 Sept.
Calmus, Jacq. *rue S. Dominiq.* } 28 Sept.
Colliot, Henri, *fauxb. S. Denis*,

1787.

Chappaz, Jacques-Franç. *rue de la Harpe*, 16 Fév.
Colin, Jean, *rue Poliveau*, 19 Juin.
Carteret, Etienne, *place Maubert*, } 11 Juill.
Chaumont, Adr. Josse, *Fauxbourg S. Martin*,
Courtebras, Philib. r. *Montmartre*, 27 Sept.

1788.

Calmard, Jean-Bap. r. *Geoffroi-l'Asnier*, 18 Fev.
Chrétien, Pi. Nic. *rue Favart*, 9 Sept.
Camand, Pi. *rue de la Monnoie*, } 3 Oct.
Capelle, Jean-Bapt. Germain, *rue des Fossés S. Bernard*,
Cuiret, Pierre-Jacques, *rue Troussevache*,
Cauvin, Antoine, *rue du Bacq*,

D

1739.

Dautray, Jacq. V. d. *rue de la Poterie, aux Halles,* 2 Déc.

1744.

Delauney, Ch. Franç. V. a. j. a. d. *rue S. Denis,* 12 Fév.

1749.

Després, Clau. L. a. j. a. dép. *rue de la Calandre,* 29 Nov.

1751.

Debeauvais, François, V. a. d. *rue & près la porte S. Denis.*

1753.

Decambre, Jean-François, V. 25 Mai.

1758.

Delbergue, *rue du Roi de Sicile,*

1759.

Delafosse, J. V. *rue S. Merry,* 20 Janv.

Dugigros, Pierre, L. a. d. *rue S. Thomas du Louvre,* 8 Juin.

Douyne, François, L. 8 Juin.

1761.

Debeauvais, J. B. V. d. *r. Mont.* } 1 Oct.

Dumay, Jean-Thomas, V. *r. du Cœur-Volant,* } 1 Oct.

1763.

Dobigny, Touss. Cha. Math. V. *rue des grands Degrés,* 27 Oct.

Debeauvais, Pier. V. a. d. *rue des vieux Augustins*, 20 Déc.

1764.

Delaplace, Franç. Nicolas, V. 22 Août.

1765.

Debeauvais, P. G. *rue S. Jacques*, 8 Août.

Decaux, J. Bap. V. *place Maubert*, 28 Août.

1766.

Doche, C. F. d *v. rue du Temple*, 23 Oct.

1768.

David, Denis-Vincent, V. 25 Oct.

1770.

Debeauvais, Cô. Fr. *rue S. Mart.* 12 Mars.

Debeauvais, Ant. V. d. *r. du F. S. Denis, près le Laissez-passer*, 20 Sept.

Danois, Ad. Ch. 13 Déc.

1774.

Danois, Toussaint, V. d. *r. des vieux Augustins*, 17 Sept.

1775.

Delauney, Et. V. d. *r. du F. S. M.* 19 Fév.

Denaix, J. Bap. L. a. dé. *galerie du Palais Royal*, 14 Juin.

Ducharne, Jean-Bapt. V. a. d. *rue de la Harpe*, 19 Déc.

1776.

Ducroq, And. a. d. *r. S. Germain-l'Auxerrois*, 10 Déc.

Deshay, Edme, *rue S. Joseph*, }
Dumenil, F. A. *r. & F. S. Jacq.* } 13 Déc.
Desbrosses, Paul, *quai des Ormes*, }

Debeauvais, Fir. d. *rue Dauph.* }
Daniel, Louis-Thomas, *rue & hors la barriere S. Martin*, } 13 Déc.
Demianay, Jos. Alex. a. d. *rue de la Vannerie*, }
Durand, Mich. a. d. r. *des vieux Augustins*, }
Deslaizement, Antoine, *rue des vieilles Etuves S. Honoré.* } 17 Déc.
Dupont, Et. *rue Bourg-l'Abbé*, }
Davreny, Edme, 17 Déc.
Delorme, Pierre, }
Dessery, Amedé, *rue S. Martin*, } 18 Déc.
D'Hervilly, Pier. *rue de Viarme*, }
Dumont, Martin, *rue Bordet*, } 20 Déc.
Duchampt, Jean, }
Dalifart, Thomas, *rue S. Laz.* } 20 Déc.
Dunem, Pi. a. d. *rue Mouffetard*, }
Deleau, Jac. Fr. *rue* 24 Déc.

1777.

Dolonne, Henri, }
Deper, Guillaume, *rue de Bussy*, } 29 Janv.
Dané, Etienne, }
Desroles, Pierre, *rue S. Victor*, } 29 Janv.
Deguernel, P. Fran. r. *S. Louis*, }
Danne, Et *rue des Pet. Champs*, 28 Fév.
Dubois, Noel-Joseph, *rue Saint-Dominique, F. S. G.* 27 Mai.
Diot, Pi. Augrue *& isle S. Louis*, 11 Juill.
Dodé, Grég. a. d. *rue S. Martin*, 1 Août.

1777.

Démargot, Charles-Claude, 1 Août.
Delavacquerie, Franç. Joseph, 22 Août.
Dupont, Louis,
Damay, Charles, } 19 Sept.
Devely, Clément,
Delaitre, J. Fr. r. *du Four S. G.* } 26 Sept.
Demouy, E. Cl. r. *F. S. Denis*, 24 Oct.
David, Jean-Marie, 7 Nov.

1778.

Ducret, Nicolas, 27 Fév.
Dardelin, Louis-Edme-Toussaint, *rue de la Harpe*, 13 Mars.
Durpy, J. B. *rue & F. du Temple*,
Delacroix, Adrien-Martin, *rue Pastourelle*,
Detournay, Ch. d. r. *S. Denis*, } 27 Mars.
Demartigny, Jean-Philippe,
D'Hotel, P. Au. d. *rue Aubry-le Boucher*, } 31 Juill.
Doudeuils, Nicolas,
Debully, Augustin, } 25 Sept.

1779.

Darras, Cl. r. *de Paradis*, *au M.* 8 Janv.
Dantu, Pierre, *rue de la Fromagerie*, 29 Janv.
Dardelin, Cl.
Dien, Pierre-Joseph, *rue du Fauxb. S. Honoré*, } 26 Fév.
Dufoux, Hubert-Emery, 30 Avril.
Didieu, Antoine, *rue de l'Arbre-Sec*, 28 Mai.
Damiens, An. B. r. *de la Harpe*, 30 Juill.

1779.

Delevefcat, Claude-Jacques, *barriere de Varenne,* Defpagne, Yves-F. Devienne, Thomas-Jofeph, Drieux, Lo.	27 Août.
Demaidy, Jean, *Parvis N. D.* Deligny, Leger, *rue* Delatelle, Lo. H. *r. de Viarmes,* Defpaux, Claude, Debeauvais, A. V. *r. des Gravillie.*	30 Sept.

1780.

Dauvergne, Jean-Ant. Dorré, Julien,	28 Janv.
Darras, Gil. T. *quinc. des Inval.*	7 Fév.
Dhotel, Mi. *r. de la Savounerie,*	28 Avr.
Dubois, François,	26 Mai.
Decaux, Noël, *rue de Charonne,*	28 Juil.
Dortho, Jean-Guil. Grégoire,	1 Sept.
Dedeken, Jean-François, *rue du fauxbourg S. Martin,*	1 Sept.
Dubetal, J. Sebaftien-Marie, *rue Beaurepaire,* Dupleffis, M. Griv.	29 Sept.
Demoifel, Charles, Duros, Pierre, *rue du fauxbourg du Temple,*	24 Nov.

1781.

Delagliere Couloude, Clau. An. *rue des Moineaux,*	30 Mars.
Douchement, Fr. *rue S. Denis,* Defpagne, Pi.	27 Avril.

1781.

Decaudin, Etie. Cla. *rue Transf.* 25 Mai.
David, Pierre, 31 Août.

1782.

Deloffre, Antoine-Nicolas, *rue S. Joseph*,
Duclos, Michel-Siméon, *rue des vieux Augustins*, } 25 Avril.
Domme, Lo. Pi. *rue S. Honoré*, 31 Mai.
Dubarle, Jè. Jo. *rue aux Ours*, 26 Juill.

1783.

Dhoffel, R. *rue de la Lanterne*, 23 Mai.
Delechot, Eloy, *rue de Seve*, 25 Juill.
Davesne, Cla. *Boul. du Temple*, 19 Sept.
Desquilles, Pierre-Jean, *rue du fauxb. S. Martin*, 19 Sept.
Dupont, Michel, 27 Sept.

1784.

Dupore, Nicolas, *rue S. Martin*, 30 Avr.
Dorléans, Pierre, *rue* 31 Août.

1785.

Delacroix, J. B. *rue Grenier S. Lazare*, 23 Janv.
Dupuis, François, *rue S. Antoine*,
Didier, Charles,
Dandoit, Alb. *boulev. du Temple*, } 29 Avr.
Dutoy, Pierre-Vincent, *rue des saints-Peres*,
Dupré, Jean-Mé. Lo. *rue Fromenteau*,
Delaitant, Hub. *rue Mouffetard*, } 11 Août.
Doucet, Jean-Jos. *r. de l'Arb. Sec*, 30 Août.

1785.

Delafayolle, Jacques-Peutchaud, *quai des Ormes*, 15 Sept.
Devert, Girard, *r. de la Juiverie*, 29 Sept.
Delamarre, Gilles-Alexandre, *Fauxb. Montmartre*, 19 Déc.

1786.

Delafrenay, Jean-Marc Bern. *rue J. S. Denis*, 1 Juil.
Doucet, Jean-Bapt. *rue du Rempart S. Honoré*, 1 Juil.
Ducoit, Franç. *rue Mouffetard*,
Deffin, Paul-Dom. *rue S. Martin*, } 8 Août.
Dieden, Jacob, *rue des 2 Ecus*,
Destavigny, Jean-Nicolas, *quai hors Tournelle*, 31 Août.
Delarue, Jean-Pierre, *r. S. Paul*,
Degisors, Simeon-Th. *r. S. Nicaise*. } 9 Sept.
Deschamps, François,

Deschamps, Ferdinand, *rue de Caumartin*,
Dunouy, Jean-Honoré, *rue de l'Egoût S. Antoine*, } 28 Sept.
Dadin, Jacq. *quai hors Tournelle*.
Delamotte, J. Franç.

1787.

David, Joseph, *rue S. Dominique, G. C.* 10 Fév.
Dumont, Martin, *r. des Sauffayes*,
Delor, Henri, *rue des Francs-Bourgeois*, } 18 Avr.

Delcroix, Antoine-Joseph, *rue Babille*,	12 Mai.
Dedolle, Gér. *r. du Cherche-Midi*, Dupuis, Pierre-Martin, *Carrefour Saint Benoît*,	19 Juin.
Diligent, Jean-Baptiste, *rue Fromanteau*, Delaporte, Jean, *rue de Bourbon S. Germain*,	11 Juil.
Dutoict, Jean-Samuel, *rue Montmartre*,	7 Août.
Durand, Jean-Marie, *rue de la Lanterne*, Dairey, Ambroise-Cyprien, *rue S. Honoré*,	1 Sep.
Debievre, Charles-Michel, *rue* Duneufgermain Louis-Ant. Martin, *rue Montorgueil*, Didier, François, *vieille rue du Temple*, Desray, Pierre, *rue des Poulies*,	27 Sept.

1788.

Debeauvais, Eloi, *rue des petits-Carreaux*, Dumont, Je. *Quai des Ormes*,	18 Fev.
Dorne, Pierre-Silvestre, *rue saint-Honoré*, Durut-Amblar, Antoine, *rue saint-Martin*, Dambrun, Philip. And. Jo. *rue Pastourelle*,	2 Juil.

1788.

Dupuis, Alexandre, *rue Neuve saint-Roch*,
Dubois, Ch. *rue sainte-Avoye*, } 2 Juil.

Deschamps, Joseph, r. *Grenier-saint-Lazare*, 16 Août.

Deschamps, Jean-Baptiste, *rue l'Evêque*,
Duboulloy, De. *rue de Richelieu*,
Durand, Laurent, *rue de la Cossonnerie*, } 9 Sept.

E

1776.

Egroizard, Antoine, 13 Déc.

1779.

Esse, Jean-Bap. *rue du Colombier*, 31 Déc.

1781.

Emery, Simon, *rue du Paon*, 5 Mars.

1782.

Elliot, Silvestre, *rue S. Severin*, 31 Mai.

1783.

Ecosse, Pierre, *rue S. Denis*, 22 Août.

1786.

Euvry, Jean-Louis, 4 Mai.

F

1748.

Fortenfant, Pierre, L. a. j. d. *rue Bertin Poiré*,

1754.

Faburel, Fr. V. 24 Juin.

1758.

Ferrez, Jean-Ch. V. a. j. a. d. *rue S. Denis*, 29 Nov.

1764.

Fournier, Pi. L. a. d. 13 Nov.

1766.

Fiacre, Nic. a. d. 25 Nov.

1775.

Fortin, Gil. d. *Boul. du Temp.* 12 Août.

1776.

Floury, Jean-Baptiste, *rue du Cherche-midi*, 10 Déc.

Fragnières, Joseph-Bernard, *rue* } 13 Déc.

France, Jean, *quai de la Tournelle*, } 13 Déc.

Fournier, Simon, *rue Beaubourg*, 17 Déc.

Farcy, Louis-Jacques, *cour du Mai*, 18 Déc.

1777.

François, Lo. Eléon. } 29 Janv.

Fortier, Pierre Fr. *rue Dauphine*, } 29 Janv.

Ficer, François, *rue Mazarine*, 18 Avr.

Forestier, Bonav. *rue de Langlade*, } 10 Juin.

Florentin, Fr. *F. du Temple*, } 10 Juin.

Flamet, J. Ba. a. d. *r. de Condé*, 11 Juill.

1778.

Flizo, L. *rue des Marais, F. S. G.* 28 Août.

1779.

Ferment, Jacques, 29 Janv.

1780.

Fremin, Jean-François, 28 Jan.

François, Pi. *rue d'Orléans S. H.* 25 Fev.

Ferté, H. Laur. a. d. 30 Juin.

1780.

Fromantin, Nicolas, *rue de la chaussée d'Antin*, 1 Sept.

1781.

Fiévé, Jac. *rue* 31 Août.
Fontaine, An. Fr. *rue du Chantre*, 27 Sept.

1782.

Flifcourt, Louis-Jean, } 7 Juin.
Fontaine, Clément, }
Frogé, J. Ba. *aux champs Elifées*, 13 Juin.
Fontaine, Je. Bap. *au Pal. Royal*, 21 Juin.
Flouri, Jean-Baptifte, } 26 Juill.
Follet, Firmin, *r. S. Placide*, }

1783.

Fontanèz, J. Ja. 28 Mars.
Flumeffer, Eti- 14 Déc.

1784.

Faivre, Fr. 21 Sept.

1785.

Fouchet, Jacques, 25 Janv.
Fournier, Hyppolite, 25 Fév.
Folliot, Mathieu, *r. de Cléry*, 30 Août.
Fetard, Jofeph, *rue Oblin*, 30 Août.

1786.

Favre, Pi. An. Eut. *chauff. d'Antin*, 4 Mai.

1787.

Fiffot, Robert, *rue S. Denis*, 1 Sept.
Fayette, Jean-Bapt. *r. S. Marc*, } 27 Sept.
Ferry, Pierre, *rue de la vieille Draperie*, }

1788.

Floriot, Char. *Cloître S. Benoît*, 2 Juil.

G

1751.

Gilbert, A. L. 14 Oct.

1759.

Gautherin, Vincent, V. 12 Juill.

1774.

Goubert, Siméon, L. d. *rue du Four, Fauxbourg S. Germain*, 27 Juin.

1775.

Goddet, Do. d. *boul. du Temple*, 5 Mars.

Giraudot, Maxim. Ch. F. L. a. d. *rue Basse, porte S. Denis*, 11 Oct.

1776.

Guinebeaut, François, *rue des Fossés S. Germain-l'Aux. r.* 6 Déc.

Gomez, N. *J. Orme S. Gervais*, 13 Déc.

Guiton, René-Joseph, *rue Traversiere S Honoré*, 17 Déc.

Geoffrin, Joseph, *rue Quincamp.* } 17 Déc.
Guillou, L. Th. *rue Mouffetard*, }

Gillebert, J. *rue de la Mortellerie*, 18 Déc.

Girardin, Jean, *rue neuve Saint-Laurent*, 20 Déc.

Germain, Pierre, *rue du Fauxbourg Saint-Martin*, } 20 Déc.
Georgemel, A. *rue Poissonniere*, }

Gerin, Jean, *bât. du Pal. Royal*, 24 Déc.

1777.

Guerin, Nicolas, *rue des Ballets*, 20 Janv.

1777. 45

Garin, Alexis, *rue Boutttebrie*, } 11 Juill.
Grognet, Jean-Baptiste, *place S. Michel*, }

Garzend, Jean-Jacques-Franç. } 1 Août.
Groux, Etienne, }

Gasse, Ch. Fr. *fauxb. S. Martin*, 22 Août.

Galva, Pierre-Nicolas, 26 Sept.

1778.

Gaucher, Antoine, *rue du Faux-bourg S. Antoine*, 20 Fév.

Gauffreville, Joseph, *place du marché d'Aguesseau*, 13 Mars.

Georgemel, Jacques, *rue* 1 Mai.

Gateau, J. *quai de la Féraille*, 26 Juin.

Gras, Louis-Joseph, 31 Juill.

Guichard, Jacques, } 27 Sept.
Guffroy, Pascal, *rue Culture Sainte-Catherine*, }

1779.

Guignebert, Jean, *rue du Faux-bourg S. Denis*, 29 Janv.

Gavel, Pierre-Joseph, 30 Avril.

Gaudichon, Jean-Baptiste, *rue S. Jacques*, 28 Mai.

Giot, Antoine, 30 Juill.

Godard, Jean-Baptiste, } 30 Sept.
Guedon, Lo. *rue de la Mortell.* }

Guillotel, Nicolas, 31 Déc.

1780.

Gaulier, J. Bap. 25 Fév.

Guerin, Lo. *r. de la haute Vannerie* 26 Mai.

1780.

Guillaume, J. F. 30 Juin.
Géliquot, Jean, *rue de la Harpe*, 28 Juil.
Gobert, Philibert, *rue de Grenelle S. Honoré*, } 29 Sept.
Goſſe, Louis-Barthelemy, *rue de Paradis, faux. S. Denis*, }

1781.

Gervoiſe, A. Ch. r. *de Richelieu*, 26 Janv.
Gauthier, Pi. 27 Avril.
Guillout, Fr. 25 Mai.
Goujon, Claude, *rue S. Germain-l'Auxerrois*, 30 Juin.
Guerout, Valentin, 27 Juil.

1782.

Grandiere, René, 27 Mars.
Gautié, François, r. *de Richelieu*, 25 Avril.
Gruet, Antoine-Joſeph, *rue Bordet*, 30 Août.
Gareaux, Denis, r. *Poiſſonniere*, 25 Oct.

1783.

Ganeau Deſplaces, Jean Louis, 31 Janv.
Guillaumont, Joſeph-Marie, r. *de Périgueux*, 25 Juill.
Gillot, Jean-François, 22 Août.
Guérin, Gu. *rue du Bacq*, 19 Sept.
Guillerond, Eloy, *rue de Braque*, 27 Sept.

1784.

Girardin, Pierre, *rue S. Honoré*, 22 Juin.
Gourard, Et. Joſ. 31 Juill.
Garçonnet, Franç. *rue du Bacq*, 21 Sept.
Grellot, Hil. *rue des Prouvaires*, 30 Sept.

1785.

Godard, Denis, *rue de Joui*, 29 Avril.
Gauthier, Claude, 29 Déc.

1786.

Garnier, Pierre Paul, *r. de Seves*, 4 Mai.
Goudaillier, Jean-Franç. *rue de la Féronnerie*, 1 Juil.
Gillet, Jacq. *Fauxb. S. Denis*, } 31 Août
Grangier, Simeon-Jofe. *chauffée d'Antin*, } 31 Août
Gence, Pierre-Fr. Jof. *rue neuve S. Marc*, 28 Sept.

1787.

Gallot, Jofeph-Contel, *rue de Bourbon, V. N.* 19 Juin.
Goupil, Nic. *boulv. Saint Antoine*, 11 Juill.
Gateau, Pierre, *rue de la Harpe*, } 7 Août.
Gravet, Pierre, *rue des Mauvais-Garçons S. G.* } 7 Août.
Grivelet, Denis, *rue Boucher*, } 7 Août.

1788.

Gautier, Au. *rue des Tournelles*, } 2 Juil.
Gueudet, Jean-Bapt. Louis, *rue des Boucheries, S. G.* } 2 Juil.
Guenée, Louis, *r. Neuve faint-Euftache*, } 16 Août.
Goffelin, Lo. Fir. *rue Bergere*, } 16 Août.

H

1754.

Herat, Denis-Pier. V. a. j. d. *rue du F. Mont. près le Boulev.* 15 Déc.

1758.

Hequet, Ni. V. a. j. Ep. r. *Montmart*, 11 Mai.

1760.

Hardy, P. J. V. r. *des Mathurins*, 27 Sept.

1764.

Hardy, P. Hec. V. a. d. *rue Plâtriere*, 22 Août

1771.

His, Guil. Marie } 26 Octo.
His, Franç. }
Hequet, Je. Ni. Fr. 23 Déc.

1772.

Hennique, Mé. V. d. *rue de la Comédie Françoise*, 29 Oct.

1776.

Holleville, Pierre, *rue de Grenelle*, *F. S. Germain*, 10 Déc.
Hebert, Claude-Elisabeth, 18 Déc.
Herisson, Jean-Baptiste, *rue des Quatre Vents*, } 20 Déc.
Habart, Cl. *r. des Fossés S. Bern.* }
Hiaumé, Henri, 24 Déc.

1777.

Henin, Nicolas, *rue de Seve*, } 30 Déc.
Henin, Jean-Marie, *rue du Four*, *Fauxb. S. Germain*, }

1778.

Henon, Louis, *rue S. Dominique S. Jacques*, 30 Janv.
Houdaille, Pierre, 13 Mars.

Hernu,

1778.

Hernu, Philippe-Jos. *Boulevard, Comédie Italienne*, 25 Sept.

1779.

Herouart, Jean-Louis, (tr.) *rue des Blancs-Manteaux*, 19 Janv.
Havard, Claude-Louis, *rue de la Chaussée d'Antin*, 30 Avr.
Hervieux, Marc-Ant. *rue* 30 Sept.
Hirle, Antoine, *rue de la Harpe* } 30 Sept.
Herque, Jean-François, }

1780.

Hudault, J. B. *r. de la Magd. S. H.* 28 Avr.
Hottot, J. Ba. *jard. des Tuilleries*, 1 Sept.

1781.

Horant, Pi. Ge. *rue de Sèvre*, 26 Janv.
Hannotelle, Nic. *r. Transnonain*, 23 Fév.
Henry, Jean, *rue du Bacq*, 25 Mai.

1782.

Herby, Pi. *place S. Michel*, 22 Fév.
Hesse, L. R. *r. Culture Ste. Cath.* 27 Mars.
Henry, Noël-Edme, *r. du Harl.* 25 Avril.
Huguenot, Jean, *rue Saint-Germain-l'Auxerrois*, 7 Juin.
Hardy, Louis, *rue des Mauvais-Garçons S. Jean*, 21 Juin.
Herpin, Martin, *rue Champ-fleury*, 26 Juill.
Hocquet, Fra. *Apport Paris*, 28 Sept.

1783.

Hardhyau, Alexis-Louis, *porte de la Halle*, 22 Août.

Hubert, Michel, *quai de la Grève*, 30 Avr.
Heinsistler, Jos. *rue de la Planche*, 22 Juin.
Houllié, N. *r. de la Tixéranderie*, 31 Août.

1785.

Happey, Rob. Vin. *rue Dauphine*, 28 Fév.
Hallot, Fr. He. *rue Aumaire*, 12 Déc.

1786.

Henri, Joseph-Ant. *barr. d'Enfer*, 4 Mai.
Humbert, Nic. Lo. *r. Grenetat*, } 1 Juil.
Hesse, Guillaume, *r. Phelipeaux*, }
Hangard, Toussaint, *rue Thaitbout*, 31 Août.
Heus, Ch. Elie, *rue S. Antoine*, 9 Sept.

1787.

Hegron, Lo. *rue de la Verrerie*, 12 Mai.
Haraux, Lo. Clr *r. Bourg-l'Abbé*, 7 Août.
Housseau, Pierre, *r. du Colombier*, }
Hogou, Dan. Noel. François, *rue* } 27 Sept.
Coquilliere, }

1788.

Harger, J. B. M. *porte du Temple*, 2 Juill.
Huguenin, Jac. *rue de la Parcheminerie*, 3 Oct.

I

1743.

Jousseraut, P. A. *gal. du Pal. Royal*, 21 Août
Jouverot, Nic, V. a. j. a. d. *rue de la Tixéranderie*, 19 Mars.

1758.

Jean, Louis, V. a. j. a. d. *rue & isle S. Louis*, 29 Nov.

Jazerand, Pi. V. 20 Mars.

1766.

Jean, N. Lo. V. *chez M. son pere*, 17 Juin.

1768.

Jazerand, Mic. 5 Sept.

1776.

Jeannotat, Pi. Cl. *r. du Chantre*, 6 Déc.
Jumel, Pi. *rue du Gros Chenet*, 17 Déc.

1777.

Jacquard, Fr. 24 Déc.
Jourdan, Lo. 28 Fév.
Joly, Jacq. Etien. *rue Feydeau*, 20 Sept.

1778.

Jaillot, Marie-Jos. *rue Bourbon-Villeneuve*, 27 Fév.
Jacquemin, J. d. *Boul. du Temple*, 31 Juil.
Janet, Michel, *boulv. du Temp.* 25 Sept.

1779.

Jadot, Jean-Cl. *quai S. Paul*, 31 Déc.

1780.

Jorion, François, *rue de Verneuil*, 31 Mars.
Jaboulay, V. *Marché Neuf*, 26 Mai.
Jullien, Pierre, *rue Plâtriere*, 28 Juil.

1781.

Jourdain, Louis, *rue aux Ours*, 5 Mars.

1782.

Jousseran, P. *Galerie du Palais R.* 7 Juin.

1783.

Jacquet, Noël, 23 Mai.

1784.

Jean, Jean-Bap. r. *du Sépulchre*, 22 Juin.

1785.

Jeandom, Jos. Jacq *rue Gueneg.* 9 Mars.
Jannot, François, *r. de la Tixer.* 29 Avr.
Jérôme, Fr. *rue de la Calandre.* } 15 Sept.
Juret, Franç. *r. de l'Arbre-Sec*, }

1786.

Issasse, Henri-Aug. *r. Mouffetard*, } 28 Sept.
Javaut, Thom. *rue Montmartre*, }

1787.

Joigny, A.-V. *r. Beauregard S. D.* }
Jallé, Roch, *rue S. Denis*, } 27 Sept.
Josselin, Pierre, *rue de Beaune*, }

1788.

Jirardin, Lo. *rue S. André*, 16 Août.
Jolly, Pi. *rue du vieux Colombier*, 9 Sept.
Janneton, *rue des Orties*,

K

1776.

Katterer, Geor. *rue de la Licorne*, 20 Déc.

1777.

Kerchoven, Jean-Bapt. Marcel, 28 Août.
Kelb, Pierre-François, *rue saint-Germain l'Auxerrois*,

1784.

Kuffler, J. Bap. *Barriere du petit Vaugirard*, 22 Juin.

1786.

Konig, Nicolas, *r. Poissonniere.*

1787.

Kilbert, Jean-Baptiste, *rue Saint-Maur, basse Courtille*, 27 Sept.

L

1737.

Laumier, Franç. L. 2 Mai.

1738.

Le Halleur, Je. Th. V. a. j. d. *rue S. Germain l'Aux.*

1745.

Leclerc, Fr. V. 10 Nov.

1746.

Labour, Jean, Ch. V. a. j. 21 Juin.

1758.

Laurent, Léonard, V. a. j. a. d. 6 Mars.

1761.

Legay, J. Cl. L. a. d. r. *Galande*, 14 Juil.

1763.

Lafferée, Ren. V. d. r. *des Noyers*, 12 Av.

Legay, Michel-Philip. V. a. d. *rue Poissonniere.* 24 Déc.

1767.

Lacroix, C. An. V. 30 Mai.

Lefevre, Jean, V. d. *rue du pet. Lion, Fauxbourg S. Germain*, 31 Oct.

Lucas, Je. Th. V. (br.) r. *S. Louis, au Marais*,

1769.

Lacroix, Jac. Fr. 13 Mars.

Lecœur, Je. Et. V 24 Avr.

Lambert, Etienne, V. *rue du Pont-aux-choux*,

1772.

Lemaitre, J. Ma. V. r. *de Reuilly*, 29 Oct.

Laffé, Franç. And. L. Distillateur ord. du Roi, d. *rue Pastour*. 9 Déc.

1775.

Lemonier, Jos. Jul. V. d. *rue de la Mortellerie*, 8 Mai.

1776.

Lebeau, Jacques,
Lecuier, Charles-Louis, *hors Barriere S. Martin*, } 6 Déc.

Leblond, Jean-Baptiste, *rue S. Jacques-de-la-Boucherie*,
Lecampion, Jean, r. *du F. Montm.*
Lemonier, François,
Lepesteur, Jean-Baptiste, } 10 Déc.

Laroux, Jean, *rue S. Louis, au Palais*,
Larua, Louis,
Lorrain, Jean-Fran. } 13 Déc.

Lecordier, Fr. *rue n. Guillemin*, 17 Déc.

Lion, And. Nicol. *petit marché S. Germain*,
Lahoche, Ch. Ho. } 20 Déc.

1777.

Lamarre, Ant. *rue du Fauxb. S. Denis*,
Lemoine, Jacques, *rue de Séve*, } 19 Janv.

1er T.

1777.

Lepetit, Pierre-Armand, *boulv. vis-à-vis la rue d'Artois*,
Lacronique, Fr. d. *rue S. Denis*, — 18 Avril.
Lecoq, François,

Legros, Nicolas, *rue* — 11 Juill.

Levasseur, Firmin, d. *rue Trop-va-qui dure*, — 22 Août.

Letmeroux, L. Pi. *chem. de Mesnil Montant*,

Lefevre, Louis, — 19 Sept.

Leblanc, Louis, *rue S. Denis*, — 26 Sept.

1778.

Lebel, Jean-Baptiste, — 30 Janv.

Lot, Pierre, *rue & près la barriere de Séve*, — 13 Fév.

Legrand, Jacques, *rue S. Nicaise*, — 15 Mars.

Leturcq, Jérôm. *quai de la Grève*,
Leclerc, Simon, — 27 Mars.

Labruiere, Michel,
Lelievre, Antoine, *rue S. Germain-l'Auxerrois*, — 1 Mai.
Loyauté, Barth. *port de la Rapée*,

Lemaire, Franç. *rue J. de l'Epine*, — 29 Mai.

Lambert, Pierre-Ambr. *rue du Fauxb. du Temple*, — 31 Juill.

Lamotte, Charl. Nic. *quai de l'Ecole*,
Louisset, Pier. François, — 28 Août.
Larget, Joseph,

Lejeune, Jean-Bapt. *r. des Arcis*, — 25 Sept.

1778.

Lemarchand, M. *q. de la Tournelle*, 30 Oct.

1779.

Le Beau, Jacques, 8 Janv.
La Ville, Ch. *fauxb. S. Martin*, 29 Janv.
Le Feuve, Pi. d. *r. Dauphine*, }
Le Clair, Côme-Abr. } 26 Fév.
Le Jeune, Fr. Jac. }
Le Go[illegible]as, Guil. *rue des Canettes*, 28 Mai.
Le B[illegible]un, Ni. Alex. 25 Juin.
La Noix, Et. *r. n. d s p. Champs*, 27 Août.
Liebart, Jacques, *r. Montorgueil*, 30 Sept.
Lavernier, Jean, *rue Montorgueil*, 30 Sept.
Le Sage, Ja. Lo. }
Lionnet, Nic. } 29 Oct.
Lorichon, Nic. *rue S. Christophe*, 31 Déc.
Lejeune, Edme, *faux. du Temple*, 31 Déc.

1780.

Loumont, Nicolas, *r. d'Orléans*,
porte S. Denis, 28 Janv.
Lavoizier, J. }
Lacroix, Pi. Jo *rue S. Martin*, } 28 Janv.
Lunel, Jacques, *rue de Bourbon*,
fauxbourg S. Germain, 28 Avr.
Luton, Gabriel-Benoît, *rue des*
Déchargeurs, }
Leroy, François-Louis, *rue S.* } 28 Avr.
Thomas du Louvre, }
Lefevre, J. Pa. *rue S. Denis*, 26 Mai.
Lecoq, Pierre-Lucien, *petit*
Marché S. Germain, 28 Juill.

Legardinier, Jean, *rue du Bout-du-Monde*, } 28 Juil.
Larrieu, Arnaud-Léon, *r. Maza.* }
Lavrillat, Jean-Marie-Joseph, *rue* } 1 Sept.
Lepeulle, Pierre-Antoine, }
Lesueur, Ni. *r. Royale S. Antoine*, 29 Sept.
Leclerc, Claude, *r. Poissoniere*, }
Laval, David, }
Lhotellier, Jo. } 29 Déc.
Louvrier, J. Cl. }

1781.

Leroux, Nic *rue S. Dominique*, 27 Avr.
Legaullier, Nicolas-René, } 27 Juil.
Leroux, Fr. }
L'huinte, An. }
Lelong, Jean-Siméon, *rue de Grenelle S. Honoré*, } 31 Août.
Lefevre, J. Bap. }
Lebaron, Pi. *rue de la Vannerie*, }

1782.

Laurent, J. B. *quai de la Féraille*, 27 Mars.
Leblanc, Pierre, *rue de la petite Truanderie*, 25 Avril.
Lucas, Jean-Louis-Joseph, 7 Juin.
Lavocat, Ch. *rue S. Dominique*, 21 Juin.
Ledet, François, 28 Juin.
Langlois, Bernard, } 26 Juill.
Louis, Nicolas, *Apport-Paris*, }

1783.

Leroy, Memy, *place Dauphine*,
Lafond, Ant. *place Cambray*, } 27 Juin.
Laroche, Jacques, *au Havre*,
Longuet, Joseph, 22 Août.
Lebrun, Nicolas, *rue Coquillere*, } 19 Sept.
Lebrun, Antoine-Firmin,
Lecomte, Ja. Fr. 27 Sept.
Lesseiingue, L. F. *quai de la Grève*, 30 Sept.
Lefeuve, Th. *sous les Charniers*, } 30 Avr.
Lefevre, A. B. Lo. *r. des Cizeaux*,
Lefebure, Pi. Et. *rue du p. Bacq*, 31 Juill.
Larmé, J. Noël, *rue S. Jacques*, 31 Août.
Lecat, Fra. *rue de Bussi*, 21 Sept.
Leclercq, Didier, *rue n. saint-Merry*, } 30 Sept.
Lebleu, Jac. Nic. *rue Traversiere*,

1785.

Lefeuve, Ant. *rue des Prêcheurs*, 9 Mars.
Lami, Cha. Franç, *r. S. Antoine*, 29 Avr.
Le Comte, Pierre-Vincent, *rue Vuide-Gousset*, } 11 Août.
Le François, L. *r. de la Truander.*
Lefavre, Jean-Charles, *rue du Pont-aux-Choux*, } 30 Août.
Le Herle, Lo. *r. Transnonain*,
Lheullier, Jean-Baptiste, *Place de la Bastille*, } 15 Sept.
Lullier, Jean, *rue de Rohan*,
Leseur, An. *rue Ste Anne b. S. Ro.* 22 Nov.

1786.

Leroy, Pi. Ant. *rue S. Antoine*, 4 Mai

1786.

Leclercq, Pi. Et. *rue du fauxb. S. Jacques*, 28 Sept.

1787.

Lillette, Nicol. *porte S. Antoine*, 10 Fév.

Lecoq, Jacques-Thomas, *rue de Clery*,
Lecomte, Louis, *rue du Mail*,
Leullier, Louis-Camille, *r. S. Jacq.*
Labſolû, Jean-Charles, *marché S. Jean*,
Lambert, Dominiq. *rue de la vieille Draperie*, } 18 Avri.

Lami, Louis, *rue S. Sauveur*,
Le Boutillé, Pierre, *r. Trainée*, } 11 Juill.

Le Brun, Louis-André-Joſeph, *Quai de la Greve*,
Lemaire, Claude, *rue S. Sauveur*, } 1 Sept.

Leſage, Jean-Bap. r.
Lebegue, Louis, *rue Mauconſeil*,
Lenoir, Jean, *rue S. Louis au Palais*, } 27 Sept.

1788.

Lecat, Pi. Bl. *rue du Bacq*,
Legallois, Michel, *rue Verte*,
Labarriere, Je. Fr. *r. S. Honoré*,
Lanchant, Cl. Ant. *rue S. Louis au Marais*, } 18 Fév.

Laurent, Ma. Mi. *r. de Viarmes*,
Lerouge, Nic. *rue de Tournon*, } 2 Juill.

Lefevre, Fr. *rue de Cléry*, 2 Juill.
Lemoine, Ger. *rue S. Denis*,
Lemouton, Franç. Mar. *rue des Saussayes*,
Lavion, J. Fr. *quai des Célestins*, } 16 Août.
Laflotte, Claude, *rue S. Honoré*,
Lafontaine, Pier. *quai des Mira miones*, } 9 Sept.
Leduc, Jacq. *rue neuve sainte-Catherine*,
Langlois, Nic. *rue de Richelieu*,
Lefortier, Pier. *rue du fauxbourg S. Jacques*,
Lefevre, Yves-Fr. *rue Grenier S. Lazare*,
Legonoit, Nicol. *rue S. André-des Arcs*, } 3 Oct.

M

1729.

Menage, Nic. V. 3 Sept.

1742.

Maille, A. Cl. a. j. a. d. Vinaigrier Distillateur ordin. du Roi, de la Cour, & de Leurs Majestés Impériales, *rue Saint-André-des-Arcs*, 17 Oct.

1749.

Maillard, P. Lo. L. a. d. 28 Déc.

1750.

Morigny, Thomas, V. *rue neuve S. Augustin*, 19 Mars.

1753.

Menage, Robert-Maurice, V. a. j. d. *r. du F. S. Antoine, près la cour S. Louis*, } 12 Sept.
Melin, Jean-Michel, Ep. V. *rue de la Harpe, près celle du Foin*, }

1757.

Maffenet, Jo. L. d. *r. de Seine, fauxbourg S. Germain*, 13 Juill.

1764.

Minguet, Pier. Fran. V. 22 Août.

1765.

Mayeux, Pi. Fr. *rue des Jardins S. Paul*, 8 Août.

1766.

Manoury, Pi. L. a. d. 25 Nov.

1767.

Montigny, J. B. d. *Apport-Paris*, 29 Oct.

1770.

Marion, Franç. Jacq. V. a. d. *rue des Canettes*, 25 Oct.
Malfilatre, Franç. Félix, V. a. d. *rue Montm. près celle du Jour*, 29 Oct.
Ménage, Ro. Et. Fr. 20 Nov.

1771.

Marion, Clé. Fr., 4 Avr.

1773.

Martin, Pier. a. d. *quai des Ormes*, 1 Déc.

1er T.

Mangin, Charles, *boulevard, sous l'Opéra*,	6 Déc.
Moutou, Jean,	6 Déc.
Matelin, F. a. d. *rue Mouffetard*,	10 Déc.
Mingue, Joseph, *rue S. Martin*,	10 Déc.
Martinet, Louis-Gabriel, *carré de la porte S. Martin*,	13 Déc.
Mangard, Louis,	17 Déc.
Menager, Julien, *rue S. Germain-l'Auxerrois*,	18 Déc.
Mainbourg, N. a. d. *quai des Augustins*,	20 Déc.
Menand, Gilles-Richard, *rue du Fauxbourg S. Martin*,	20 Déc.
Michel, Je. Fr.	24 Déc.
1777.	
Meunier, Antoine,	29 Janv.
Mary, Barthelemy-Toussaint,	18 Avril
Maizieres, Etien. d. r. *Saint-Martin*,	27 Mai
Morel, J. Jos. *rue S. Antoine*,	11 Juill.
Mangin, Jean-Louis,	5 Sept.
Mongin, Prudent, *rue de la Harpe*,	5 Sept.
Mestrallet, Jos. *rue Favard*,	26 Sept.
Moreau, Cl. *rue des Cordeliers*,	24 Oct.
Metois, Jean,	24 Oct.
Mathieu, V. L. *rue Gren. S. Laz.*	13 Déc.
1778.	
Maillard, Guill.	27 Fév.
Monniot, François,	27 Fév.

1778.

Mouchy, Michel, *rue S. Victor*, 1 Mai.
Moulin, Fr. Cl. Mar.
Mouvault, Nicolas, } 25 Sept.
Menoud, Joseph, *rue S. Benoît*, 30 Oct.

1779.

Mezeray, Ja. *rue du Théâtre Fr.* 8 Janv.
Martin, Joseph, 29 Janv.
Mercier, J. B. *r. de la Cordonn.*
Morin, Benoît, } 25 Juin.
Monnier, J. *rue d'Orléans S. H.* 30 Juill.
Martinot, Nicolas, *Galerie du Palais Royal*, 27 Août.
Magnier, Pierre,
Moret, François,
Morel, Jean-Baptiste,
Mary, Jean-Baptiste, } 30 Sept.

1780.

Meunier, J. Jos. a. d. *rue d'Enfer S. Michel*, 26 Mai.
Menidrez, François, *rue neuve saint-Augustin*, 28 Juil.
Muguet, Jean-Baptiste, *rue neuve S. Augustin*, 29 Déc.

1781.

Morin, Franç. Nic. Godard, *rue Phelipeaux*, 30 Mars.
Michel, Th. *rue Tiquetonne*,
Moncelet, Antoine,
Micambacq, René-Nicolas, } 31 Août.
Maugez, Jacques-L. 21 Sept.

1781.

Marmion, Jean, Moler, Jean-Bap. Mouillard, Je. Fr. r. *Plâtriere*, Marchais, M. *rue Phelipeaux*,	27 Sep.

1782.

Mingue, Jac. *boul. du Temple*,	25 Avril.
Meunier, François-René,	7 Juin.
Minguet, Fr. *rue SteMarguerite*,	10 Juin.
Motz, Jean-Pierre, *rue du Bacq*,	21 Juin.
Moutié, Lo. Aug. *rue Princesse*,	28 Juin.
Martin, Melchior, *r. de l'Arcade*,	26 Juill.
Mathieu, Jérôme-Joseph, *rue des Nonaindieres*,	30 Août.
Meyssin, Pierre, *F. du Temple*,	28 Sept.

1783.

Maillot, Nicolas-Joseph, *boulevard S. Martin*,
Margaritis, Jean-Ange,
Merle, Fr. Hen. *rue S. Victor*,
Maizieres, Jean,
Mignard, Fr. *rue des Nonaindieres*,

1784.

Martin, Michel, *place des Trois Maris*,	30 Avr.
Maugez, Jean-Baptiste,	22 Juin.
Mehrer, Ge. *rue du v. Colombier*,	31 Juill.
Martin, Pierre, *rue le Noir*,	21 Sept.

1785.

Macherey, Antoine-François, *rue saint-Méry*,	11 Août.
Merel, P.	15 Sept.

Martin, Jean, *rue des Filles S. Thomas*, } 29 Sept.
Montabon, Franç. *r. Montmartre*, }
Menudier, Remy-Ange, *rue S. Nicaise*, 29 Déc.

1786.

Meuret, Dominique, *rue & barriere du Temple*, } 4 Mai.
Millet, Jean Louis, *rue de la Petite Truanderie*, }
Maillard, Jean Sim. } 8 Août.
Monnier, Ant. *r. de l'Hirondelle*, }
Menigot, Cl. *rue de la Verrerie*, 31 Août.
Morel, Jean-Claude, *sous les grands Piliers*, } 31 Août.
Moreau, Louis-Jérôme, *rue & fauxb. S. Denis*, }

1787.

Moffard, Jean-Claude, *rue Aubri le Boucher*, } 12 Mai.
Mathieu, Remy, *rue de Gêvres*, }
Meunier, Joseph, *rue de Sartine*, 19 Juin.
Maugé, Nicolas, *rue S. Honoré*, 7 Août.
Marchand, Charles, *rue de Rohan*, } 27 Sept.
Menigot, J. Ba, *r. des Deux-Ecus*, }

1788.

Maulu, Jean-Louis-Pascal, *quai de l'Ecole*, 18 Fév.

Montigny, F. Hubert, *rue de la Savonnerie*, }
Monier, Guil. *rue de la Huchette*, } 16 Août.
Millot, P. Ph. *rue du Bouloir*, }
Mongin, Claude, *rue de Poitou*, }
Marel, Charles-Joseph, *rue Ste Anne, butte S. Roch*, } 9 Sept.

N

1777.

Nay, Etienne, *rue de Richelieu*, 22 Août.

1778.

Neuveu, Pierre, *rue de Charenton*, 20 Fév.

1780.

Nolleau, Denis, *rue neuve saint-Merry*, 1 Sept.

1781.

Noncher, J. Pierre, *rue S. André*, 31 Août

1782.

Nicol, Noël, *r. de la Michodiere*, 30 Août.

1784.

Normand, Jul. *rue du Petit-Lyon S. Sauveur*, }
Noël, Alexis, *rue Taranne*, } 31 Août.
Noel, Louis-Armand, *rue Notre-Dame-des-Champs*, Déc.

1785.

Noel, Nicolas, *rue de Tournon*, 23 Juin.

1786.

Niquet, Timothée, *rue S. Denis*, 1 Juil.
Noiret, Ant. *rue des Deux-Ponts*, 9 Sept.

O

1767.

Ory, René, L. (tr.) 21 Janv.

1770.

Oudaille, Julien, V. a. d. *rue de Bretagne*, 26 Sept.

1774.

Oudaille, Je. François, V. a. d. *rue Bordet*, 7 Sept.

1778.

Oblin, Je. B. *rue de la Verrerie*, 13 Fév.

1779.

Olivon, Claude, *place de Grève*, 30 Janv.

1781.

Olivier, Jean-Baptiste, 27 Juil.

1782.

Onfroy, François-Hervé, *rue de Bussi*, 21 Juin.

1784.

Orry, Jean, *pointe S. Eustache*, 31 Août.

1785.

Ouiste, Ch. Fr. *quai de l'Ecole*. 11 Août.

P

1751.

Patin, Antoine, L. a. j. d. *rue du fauxb. Montmartre*, 24 Juill.

1753.

Porcher, Pier. Al. V. a. j. a. dép. *rue du Fauxbourg S. Honoré*, 14 Avril.

1754.

Petit, Bap. And. r. *S. Dominique*, 15 Juin.

1765.

Peltot, Ant. V. *rue des Ursins*, 31 Juill.

1766.

Paris, M Ant. V. 17 Juin.

1767.

Paris, Ja. Lo. Mic. *rue Buffon*,
Peltot, Jean-Bapt. Henri, V. *rue & fauxb. S. Denis*, 12 Fév.

1769.

Perret, Mic. Jac. Melchior, 2 Mars.
Perabo, Jean, V. *rue Montorgueil*, 1 Sept.
Pernet, Fr. V. 5 Sept.

1771.

Perret, Clément, 26 Oct.

1772.

Paris, Jacques-Louis-Michel, *rue de la Huchette*, 29 Oct.

1774.

Priez, J. Bap. V. a. d. *rue des SS. Peres*, 17 Oct.

1776.

Plonquet, Marc, *rue S. Jacques-la-Boucherie*, } 6 Déc.
Petit Mangin, Lo. Edme, a. d. r. *Ste Croix-de-la-Bretonnerie*, } 6 Déc.
Picoulot, J. r. *de la Tixéranderie*, } 13 Déc.
Paillard, J. B. *rue des Tournelles*, } 13 Déc.
Pigeron, J. Fr. *rue S. Victor*, 17 Déc.
Petit, Jacques, *rue de la vieille Monnoie*, 18 Déc.

Perilliat, Pierre-Nicolas, *rue S. Martin*, Pierrot, Nicol. Petit, Didier,	18 Déc.
Pottemain, Joseph, *rue de la Roquette*, Pieroscope, Pierre,	20 Déc.

1777.

Plée, Louis,	18 Fév.
Prudhomme, Charles-Antoine, *r. Notre-Dame des Champs*,	28 Fév.
Passenos, Jean, *rue des Poulies*,	22 Août.
Petit, Cl. Fr. *rue de Chartres*, Poultier, André,	12 Déc.
Prevost, Jean-François-Louis,	30 Janv.
Porcherot, Franç. *Apport Paris*,	27 Fév.
Pillon, Jacques, *rue Mouffetard*,	29 Mai.
Pontetbrun, Jo. Ma. *rue de Sève*,	18 Août.
Picot, Nic. *rue de la Coutellerie*,	25 Sept.

1779.

Pouderous, Joseph-Martin, Porte, Jean-Baptiste, *montagne Sainte-Geneviéve*,	30 Avr.
Perinet, Jos. *rue Guénégaut*, Pezard, Antoine, Pachot, Jacq. Laur.	28 Mai.
Potel, Jean,	25 Juin.
Philippart, Jos. Joachim, *rue & F. S. Honoré*, Pouillet, Sulpice, *rue des vieilles Tuileries*,	30 Juill.

1779.

Petit, Louis, *rue Bourg-l'Abbé*, 30 Juill.
Pouget, Ant. *rue S. Louis*,
Preugnot, Ga.
Perret, Jean-Baptiste, } 30 Sept.
Palette, J. J. *rue du F. S. Martin*, 29 Oct.

1780.

Prevoteau, J. B. *rue Jean-Robert*, 25 Fév.
Philipon, Louis-Nicolas, *Halle aux fruits*, 26 Mai.
Picqueret, Pierre-Michel, 30 Juin.
Peraut, J. *rue S. André-des-Arcs*, 1 Sept.
Paulbaut, Jean-Louis, *f. S. Mart.* 29 Sept.

1781.

Paté, Jean-Nic. *rue du cimetiere saint-Nicolas*, 23 Fév.
Perignon, Ch. *r. des Marmouzets*, 27 Avr.
Pagnot, Nicolas, *rue S. André*, 25 Mai.
Perché, Jac. *au nouveau bâtiment des Quinze-Vingts*, 27 Sept.

1782.

Pirouelle, Franç. 25 Janv.
Pasquier, Lo. Fr. *rue Montmartre*, 31 Mai.
Petit, Jean, *quai de la Grêve*, 10 Juin.
Pajot, Antoine-Philippe, 28 Juin.
Paris, Cl. Jo. *rue de Lancry*, 26 Juil.
Peroux, Georges, *rue de Lancry*, 30 Août.
Petit, Gir. Phil. *rue Ste Avoye*, 20 Déc.

1783.

Pontet, Jean, (tr.) *rue de Sève*, 27 Janv
Pothin, J. A. *r. du Chev. du-Guet*, 25 Juill

1784. 71

Philippes, Pier. *rue S. Honoré*, 21 Sept.

1785.

Piron, Guillaume, *rue de Courty*, 23 Juin.
Philippin, Paul,

1786.

Palançon, Jean, *r. de la Verrerie*,
Petit, Alexandre, *rue S. Victor*, } 1 Juil.
Paillard, Paul, *chaussée d'Antin*, 8 Août.
Pingeon, Louis-Jos. Fréd. *rue des vieux Augustins*,
Penot, Claude, *rue du Petit-Lion S. Denis*, } 9 Sept.
Papillion, Jos. *chemin de Mesnil-Montant*, } 28 Sept.

1787.

Pegrenet, François, *sous les petits Pilliers*,
Paris, Jean-Bapt. *r. des Capucines*, } 10 Fév.
Payen, Jean-Jacques, *rue Tiroux*,
Patin, François-Marie, *rue Saint Antoine*,
Payan, Nic. *rue Mouffetard*, } 1 Sept.

1788.

Peridier, Louis, *r. des Bernardins*, 2 Juill.
Philippe, Pierre, *r. Beauregard*,
Petit-Mangin, Ant. *r. Greneta*, 16 Août.
Prieur, Charles, *rue Jacob*, 9 Sept.
Poiteux, Etienne, *rue Oblin*,
Page, Fr. *rue de la Cordonnerie*, } 3 Oct.

Q

1763.

Quillain, Jean-Baptiste, L. a. d. *rue de l'Arbre-Sec*, 21 Avril.

1767.

Quenot, Franç. Matth. V. (br.)

1784.

Quatremere, Ch. *rue du Dauphin*, 31 Août.
Quenet, J. M. *r. de la Mortellerie*, 19 Déc.

1787.

Quenai, Jean-Pierre, *rue de Caumartin*, 12 Mai.

R

1773.

Rolle, Antoine, L. 1 Mars.
Rousseau, Pi. V. a. d. *rue S. Jacq.* 6 Mai.

1776.

Richard, Jean-Baptiste, d. *rue Beaubourg*, 10 Déc.
Roussel, Pierre-Dominique, *rue Dauphine*, } 10 Déc.
Ringris, Nicolas, *rue d'Orléans S. Marcel*, } 10 Déc.
Raulin, Cl. } 13 Déc.
Raffin, Cl. Franç. } 13 Déc.
Regnault, Pierre, 17 Déc.

Robert,

Robert, Claude, 18 Déc.
Rousseau, Jean, *rue Beauregard*, 20 Déc.

1777.

Robert, Nicolas, *rue Saintonge*, 29 Janv.
Ronel, Pierre, *rue du Perche*, 18 Avril.
Rebut, Franç. *rue S. Denis*, 19 Juin.
Rolland, Jacq. Mic. 1 Août.
Renaux, Pier. d. *quai des Augustins*, 5 Sept.
Rasoir, Pierre-Joseph-Spir, 19 Sept.
Remy, Pierre, *rue & vis-à-vis le Temple*, 27 Sept.
Renaux, Antoine, *rue du Temple*, 24 Oct.

1778.

Roze, Jean, *rue S. Jacques*, 30 Janv.
Renard, Jean-Claude, *rue de Bourbon-Ville Neuve*, 13 Fév.
Robine, J. Ja. 27 Fév.
Raphaël, Jean-Pier. *r. S. Martin*, 13 Mars.
Royer, J. Ch. *rue du Parc royal*, 26 Juin.
Ravillard, Ant. 28 Août.

1779.

Rafflin, Auguste-Philippe, 26 Fév.
Righiny, Dominique, 28 Mai.
Rochez, Louis-François, *quai hors Tournelle*, 30 Juill.
Renard, J. *r. de la g. Truanderie*, 27 Août.
Roux, Louis, } 30 Sep.
Remion, Charles-César-Augus. } 30 Sep.

1780.

Rey, Antoine, *rue du Bacq*, Reynaud, Jean,	28 Janv.
Ravigneaux, Et. *F. Montmartre*,	25 Fév.
Raquet, Paul-François,	30 Juin.

1781.

Routiouiller, J. *r. de la Lanterne*,	30 Mars.
Richard, Jean-Bap. *rue S. Denis*,	31 Août.

1782.

Ravey, Ber. Fran. *rue des fossés S. Germain l'Auxerrois*, Ricard, Bastien, *quai des August.*	7 Juin.
Robillard, Fr. *r. de Bourbon V. n.*	26 Juill.

1784.

Reambourg, Jul. *rue S. Denis*, Renvier, Nic. *Pont S. Michel*, Ramet, P. *r. du Four S. Germain*,	31 Juill.
Richeaume, C. *rue du Champ-Fleury*,	31 Août.
Rousseau, Je. Pi. *rue Plâtriere*,	31 Août.

1785.

Robbes, Jacques, *r. Chantereine*,	23 Juin.
Renaud, Pierre, *rue saint-Dominique, F. saint-Germain*,	15 Sept.
Rigal, Jean, *rue de la Harpe*,	29 Avr.

1786.

Rudmarre, Jean-Bapt. *r. Boucher*,	1 Juil.
Rault, Franç. *chaussée d'Antin*,	8 Août.
Richard, Jean-Seb. *rue & F. S. Honoré*, Renard, Armand-Jean-Lo. *vieille rue du Temple*,	28 Sept.

1787.

Raiffon, François-Etienne, *rue du Bacq*, 10 Févr.
Rollat, François, 12 Mai.
Roget, Antoine, *rue des vieilles Thuilleries*, }
Royer, Louis Jof. *port de la Rapée*, } 1 Sept.
Rivette, And. *Gallerie du Palais-Royal*, }
Robert, Pi. *quai de l'Ecole*, } 27 Sept.

1788.

Racdet, Henri, *r. de Seine S. G.* 16 Août.
Roux, André, *rue S. Antoine*, }
Rime, Jean-François, *rue S. H.* } 9 Sept.
Royer Etienne, *rue S. Martin*, }
Richard, François, } 3 Oct.

S

1766.

Semelle, Pi. V. a. d. *r. Mazarine*, }
Simonnet, J.B. V. } 17 Juin.

1772.

Saltret, François-Emmanuel, V. 29 Octo.

1776.

Studer, Pierre-Fr. *rue Ste Croix-de-la-Bretonnerie*, 6 Déc.

1777.

Simon, Laurent, 29 Jan.
Soyeux, Touffaint-Raphaël, 5 Sept.
Speiffe, Chriftian,
Sallien, Pierre, 7 Nov.

1778.

Sinet, J. F. *r. du F. S. H.* 20 Fév.
Seguin, Fr. *quai hors Tournelle*, 31 Juill.
Servin, Claude, *rue S. Denis*, 5 Sept.
Salomon, Auguſtin,
Syryeis, Antoine, 27 Nov.

1779.

Sauvé, J. Ch. Ale. 30 Juill.
Spitallier, Ale. *r. des Petits Peres*, 27 Août.
Sautier, Nicolas, *rue S. Antoine*, 27 Août.
Sion, Chriſto. *rue des p. Champs*, 30 Sept.

1780.

Segaux, Pierre, *rue S. Honoré*, 30 Juin.

1781.

Salle, Pie. *rue & F. S. Denis*, 30 Juin.
Sourzat, Pi. *boul. S. Antoine*, 27 Juil.
Simonet, Fr. 27 Sep.

1782.

Savy, Joſeph, *rue de la Lune*, 31 Mai.
Savouillant, Jean-Antoine, } 30 Août.
Segaux, Gab. *rue Sainte-Avoye*, }
Siclier, André, *r. des Lombards*, 28 Sept.

1783.

Schemit, Jean-Pierre, *rue des Boucheries S. Germain*, 22 Août.

1784.

Servelle, Hyac. *rue de la Harpe*, 21 Sept.

1785.

Simard, Jean, *rue Mouffetard*, 29 Avr.
Sagot, Ph. Franç. *rue de Sève*, 11 Août.

1787.

Samſon, Antoine-Louis, r. *du Coq S. Honoré*, 1 Sept.

1788.

Savouret, Jean-Charles, *rue des Boucheries S. Germain*, } 3 Oct.
Seveſtre, Jacq. *rue du Sépulchre*, }

T

1755.

Thubeuf, Pierre-Nic. L. a. j. d. *rue de la grande Truanderie*, 2 Juil.

1760.

Tochon-Danguy, Baltha. L. d. *F. S. Denis*, 6 Mars.

1767.

Tripier, Jacques, V. a. d. *rue S. Martin*,

1768.

Tahere, Michel, V. d. *rue du Bacq, près celle de Babylone*, 5 Sept.

1772.

Tonnelier, J. B. L. a. dép. 30 Avril.

1775.

Tarlé, J. Fr. V.

1776.

Tridon, André, *rue Mauconſeil*, 13 Déc.
Tavernier, Fran. N. *rue Aumaire*, 17 Déc.
Tilliez, François, *rue S. Martin*, 18 Déc.

1777.

Tulivet, Pierre, a. d. *r S. Honoré*, 1 Août.

Thiellement, Bern. *rue Mazarine*, 30 Janv.
Treuet, Nicol. 13 Fév.
Thierry, J. B. 27 Fév.
Tiollet, Louis-André, 25 Sept.
Tagliavini, Paulo, 28 Sept.

1779.

Thomas, Nicolas, *rue de Grenelle, fauxb. S. Germain*, 8 Janv.

1780.

Tirand, Thom. *rue de Bretagne*, 28 Janv.
Tremblay, Franç. *rue de l'Oseille*, 31 Mars.
Trogneux, J. J. *rue S. Sauveur*, 28 Avril.
Thomas, J. Jos. *rue Croix des Petits Champs*, 28 Juil.
Thomas, Jean-Baptiste, *place Maubert*, 29 Sept.
Trelelle, Lo. Ga. *halle aux Fruits*, 29 Déc.

1781.

Thomassin, Jacques, 10 Fév.
Tourneur, Maurice, *rue Galande*, 30 Mars.
Tarlé, Dom ce, 27 Avril.
Truvet, Fr. Dom. *r. Mouffetard*, 26 Oct.

1782.

Tiersot, Claude, *rue Poissonniere*, 22 Fév.
Tenret, J. *rue de Paradis S. Denis*, 21 Juin.

1785.

Tanret, J. B. *Gallerie du Pal. R.* 11 Août.

1786.

Thomas, Jean-Bapt. *rue Jacob*, 31 Août.

1786.

Touvenel, Pi. Val. *rue de la Tixéranderie*, 9 Sept.

1787.

Tailleur, Pierre,

Thibault, Charles-Joseph, *rue de la Planche*, 1 Sept.

Théri, Philippe-François, *rue & Isle S. Louis*, 27 Sept.

1788.

Toutant, Ni. *Théâtre François*, } 18 Fév.
Trouard, Nic. *rue Mouffetard*, }

V

1753.

Vallée, Clair-Jul. V. a. d. *rue & Chaussée d'Antin* 8 Mars.

1776.

Vacher, Jean, *rues de Bourbon & de Poitiers*, 13 Déc.

Voituret, Nic. 17 Déc.

Vey, Jean, *rue du Fau. S. Martin*, 24 Déc.

1777.

Voisot, Michel-Dominique, *rue du Théâtre François*, 28 Fév.

Virey, Jean-Jacq. *rue Xaintonge*, 7 Nov.

Verrier, Louis-Vincent, 12 Déc.

Versino, Jos. *rue Bailleul*, 16 Déc.

1778.

Varignon, Jean, *rue du Fauxbourg Montmartre*, 28 Août.

1779.

Welſer, Philippe, 30 Juill.

1780.

Vautrin, Fr. 25 Fév.
Vincent, Jean, *rue de la grande Truanderie*, 26 Mai.
Viard, Louis, *rue S. Roch*, 28 Juil.
Vallon, Jean-Ba. Fr. *rue des foſſés ſaint-Germain-l'Auxerrois*, 1 Sept.

1780.

Veniard, Antoine-Auguſtin, } 1 Sept.
Villemont, Nicolas, } 1 Sept.
Vaillant, Alexis, 29 Sept.

1781.

Viard, J. Bap. *rue Montorgueil*, 31 Août.

1782.

Voiſin, Jacques-Joſeph, 10 Juin.
Ville, Pierre, 13 Juin.

1783.

Véron, Jean-Alexandre, *boulev. du Temple*, 27 Juin.
Vivien, Jean-Baptiſte, *rue S. Germain-l'Auxerrois*, 22 Août.

1784.

Vollant, Eloy, *rue S. Denis*, 31 Août.
Varlet, Je. Bap. *rue Paſtourelle*, 20 Sept.
Willerez, Ch. An. Mar. 30 Sept.

1786.

Vielle, Charles, *porte S. Denis*, 1 Juil.
Vallon, Jacq. *rue de Bourgogne*, 8 Août.
Vermot, J. Bap. *Chauſſ. d'Antin*, 31 Août.

1786.

Vivien, Pi. Séb. *rue du Temple*, } 9 Sept.
Villette, Mic. *rue de Surêne*, }
Viard, Nic. *rue Guérin-Boisseau*, 28 Sept.

1787.

Viard, François-Antoine, *rue des vieux Augustins*, 19 Juin.
Valtier, César, *rue S. Honoré*, } 7 Août.
Vidot, Jo. *r. des vieux Augustins*, }
Vincent, Franç. *rue de Chartres*, 1 Sept.

1788.

Valeriot, Franç. *rue S. Martin*, }
Vanezeche, Jean, *rue Royale*, *butte S. Roch*, } 2 Juill.
Vatruelle, J. B. *fauxb. S. Mart.* }

Y

1781.

Yon, Nicolas, *boul. du Temple*, 27 Juill.

Z

1788.

Zoppie, Ambroise, *rue des Fossés S. Germain des Prés*,

MESDAMES LES VEUVES
DU PREMIER TABLEAU.

Dobigni, Toussaint, V.
Dedron, Nicolas-Martin, V.
Dorré, Jacques, V. *rue des Boucheries Saint-Honoré.*

1777.

Hardi, François-Pierre, V. *rue S. Honoré.*

1780.

Credillon, Claude,
Lambert, Toussaint,
Troussel, Alexis-Fran. *rue des Gravilliers.*

1781.

Beekvelt, Jac. Jean, *prieuré S. Martin.*

1782.

Arnaud, François-Claude, *rue S. Honoré.*
Bernard, Marie-René, a. j.
Corbay, Charles-François, *rue d'Orléans S. Denis.*
Landron, Nicolas, *F. Montmartre.*
Lecomte, Jean, *rue neuve S. Augustin.*
Regnault, Nicolas,

1783.

Cretté, Jean-Etienne, *r. basse du Temple.*
Dalbadie, Pierre, a. j.
Faburel, Louis, *rue de Charonne.*
Fay, Pierre, *rue S. Paul.*

1783.

Geffosse, Etienne, *quai d'Orsay.*
Goddet, Roch, *rue S. Denis.*
Noël, Paschal-Joseph, *Marché S. Martin.*
Poulain, Pierre, *rue*
Teston, Jean, a. j.

1784.

Bouvet, Claude,
Delpirou, Etienne,
Germain, Jean-François,
Viard, Gilles, *rue du Colombier.*

1785.

Bizet, Clément, *rue Etienne.*
Lepilleur, Nicolas, *Boulevard du Temple.*

1786.

Billard, Antoine, *rue des Ménétriers.*
Bouilhot, Antoine, *rue Perdue.*
Dereims, André, *rue Ste Hyacinthe.*
Goury, V. *rue des Ecouffes.*
Juvigny, Pierre, *sous les grands pilliers.*
Lhot, Gilles, *sous les pilliers.*
Lepeut, Gilles-René, *rue*
Pied, Jacques, *rue des Prouvaires.*
Prilleux, Gilles,

1787.

Andrevon, Jean, *rue Montorgueil.*
Boudeville, Louis, *rue Gaillon.*
Brieau, Louis, *rue Princesse.*
Caurier, Louis, *rue S. Louis.*
Deloche, J. B. *boulevard du Temple.*

1787.

Lesieur, Adam, *rue S. Honoré.*
Landron, Jacques,
Marvy, Augustin,
Petit, J. B.
Pivois, Charles,
Ragaud, Pier. Alex. *rue du Petit Pont.*
Richard, Nicolas,
Savary, Ad.

1788.

Balun du Gazay, *rue Tireboudin.*
Bastien, Fr. Jos. *rue des Fossés M. le Prince.*
Bance, Jac. *rue du Pet. Carreau.*
Bayvel, Pierre, *rue de Chabanois.*
Boissard, *rue Coquilliere.*
Boucault, *rue S. Honoré.*
Brenier, Jean-B. *rue Montmartre.*
Bullot, Pierre, *rue Traînée.*
Camus, André, *rue de la vieille Draperie.*
Debeauvais, *rue Greneta.*
Gilles, Alex. *rue l'Evêque.*
Semelle,
Royer, *rue des petits Champs S. Martin.*
Puissant, *rue Coquilliere.*
Tavernier, *rue Montmartre.*

MESDAMES LES MAITRESSES DU PREMIER TABLEAU.

AUBERTIN, (Dlle Marie-Franç.) *rue Soly*, 1778.

Aloche, (Dlle. J. Angé. Domont, veu.) *rue Mauconſeil*, 27 Déc. 1780.

Arbaret, (Dlle Marg. Lebeau,) *rue Charretiere*, 1786.

Asfrate, (Dlle Fr.) *vieille H. au fruit*,

Bazin, (Dlle Janole, veuve) 1777.

Bordier, (Dlle Froment, veuve) *quai de la Tournelle*, 1778.

Bayvel, (Dlle Eliſ. de Montagnac, femme) *rue d'Enfer S. Michel*, 1779.

Boſchet, (Dlle Frederica-Breda, f.) *Boulevard du Midi*, 31 Août } 1781.
Bizoir, (Dlle Marie,)

Beſſol, (Dlle Marie-Gen. Damour, veu.) *rue Poiſſonniere*, 10 Juin
Bertrand, (Dlle Marguerite,) *rue* 28 Septem. } 1782.
Bellier, (Dlle Marie-Jeanne Barbe, veu. Normand,) *rue de la Huchette*, 20 Dec.

Bolcher, (Dlle Gert. veu. Mialon,) *r. du Mont S. Hilaire*, 19 Sept. } 1783.
Barondelle, (Dlle Tiennette,)

Barbet, (Dlle F.) *r. des Deux Ecus*, 1784.

Babel, (Dlle M. V. Ch.)
Benard, (Dlle C. R.) *rue N. D. Nazareth*, } 1784.
Biolley, (Dlle Marie-Jeanne, veuv. Duez) *rue du Gindre*, 1785.
Bequet, (Dlle Justine,) *quai de la Tournelle*,
Coiffier, (Dlle Mad. de l'Escolle, fe.)
Coulon, (Dlle Mar. Mad. Denisart, fem.) 30 Juill. } 1779.
Chapy, (Dlle Claude)
Chemise, (Dlle Ang. Antoinette) *r. Pierre à Poisson*, 31 Mars
Cheramont, (Dlle Marie-Therèse Giraut, femme) } 1780.
Cheron, (Dlle Marguerite, veuve
Coutard, (Dlle, femme Rançon, *au gros Caillon*. 1786.
Laury) *rue de Grenelle S. G.* 1785.
Coconier, (Dlle Jeanne-André,) *porte S. Denis*, 12 Mai 1787.
Callion, (Dlle Jeanne Maillé,) *boulevard du Temple*, 18 Fév. 1788.
Dardignac, (Dlle Félicité, femme) 1778.
Degalles, (Dlle Ad.) *r. S. Honoré*, 1781.
Dijon, (Dlle Fr. Seguin,) 8 Juin
Dupré, (Dlle Mar. Cath.) *fauxb. S. Martin*, 20 Décembre. } 1782.
Duboille, (Dlle Ma. Ur.) 28 Mars 1783.
Ducroux, (Dlle Marie-Genevieve, f. Viollette, 27 Juin 1783.

Delliers Dlle (Mar. An. Ag.) 1784.
Denneſon, (Dlle Marian. veuv. Lavallée) *rue du Vert-bois*, 1785.
Dreppe, (Dlle Cécile)*r, d. Méneſtr.*
Delafaye, (Dlle Marie-Thérèſe,) 1786.
Demonceaux, (Dlle Mar. Jeanne,) *quai des Miramionnes*, 2 Juill. 1788.
Devellenne,(Dlle Anne V. François, *rue Mercier*, 3 Oct.
François, (Dlle) *rue Merciere.*
Farchemagne, (Dlle Anne Doniol) veu. *rue Jean S. Denis*, 1784.
Fayard, (Dlle Suz. Deleeole,) *boulevard S. Martin*, 1786.
Gruard, (Dlle Jeanne-Henriette 1776.
Gibon, (Dlle Balley, f.) 1777.
Garnier, (Dlle Emée Gilles, veuv.) *rue Sal-au-Comte*, 27 Août 1779.
Godin,(Dlle J. R Brideau,f.) 30 Sep. *fauxbourg S. Denis*,
Genard, (Dlle Mar. Ant.) *rue* 1784.
Guezard, (Dlle Marie-Lou. Gollin,) *rue du Ponceau*, 1786.
Gouverneur, (Dlle Marie-Paſcal,) *rue de Vendôme*, 12 Mai 1787.
Hue, (Dlle Pouange, veu.) 1777.
Heffleur Civil, (Dlle Aſpedin, veuve) 1778.
Hopkins, (Dlle A. Roſe de Vely, f.) 1779.
Houiſte, (Dlle Mar. Mag. Franç.) *rue des Prêtres S. G.* 26 Mai, 1780.
Herrier, (Dlle Mar. Lo. Quinet),

Henin, (Dlle Marie-Louiſe,) *rue l'Evêque*, 7 Août, 1787.

Jambon, (Dlle Salard, femme) *quai de la Grève*,
Jourdain, (Dlle Contault, fem.) *carrefour de l'Ecole*, } 1778.

Jores, (Dlle Je. Frenot, f.) 30 Sept. 1779.

Laguerie, (Dlle B.) *r. du Mûrier*, 1776.

Lahancque, (Dlle Martin, veuve) 1777.

Lebeuf, (Dlle Dulac, femme)
Leduc, (Dlle Muſſard, femme) *rue du Fauxbourg S. Honoré*, } 1778.

Lerouge, (Dlle Criſtine Lecat, f.) *rue Honoré Chevalier*, 28 Juil.
Laroque, (Dlle Angeliq. Eliſabeth Deniſe) *F. du Temple*, 28 Avril } 1780.

Le Normand, (Dlle Mat. Fr.) *rue de la Huchette*, 23 Fev. 1781.

Lemoine, (Dlle M. An. Girauroux, fem.) 13 Juin
Laſſé, (Dlle Vict. v. Viſeux,) 20 Déc. } 1782.

Leroy, (Dlle Marie-Marg. veuve Happé,) *r. de l'Arcade*, 28 Mars
Longuemarre, (Dlle Jeanne,) *boulevard du Temple*, 19 Sept.
Letellier, (Dlle Agath.) 27 Sept. } 1783.

Le Riche, (Dlle Anne Martin, v.) *rue de Séve*,
Le Doux, (Dlle Ma. G.) *r. S. Den.* } 1784.

Lefort, (Dlle Marie Anne) *rue* 1785.

Letellier (Dlle Marguerite, veuv. Acart) *rue Geoffroy-l'Angevin*, 1785.

Le Petit, (Dlle Anne Troitat,) *rue des SS. Peres*, } 1786.
Letellier, (Dlle Marie-Lo. Jeanne,) *rue de l'Etoile*, }

Levasseur, (Dlle Ang. Noël,) *rue des Quatre-Filles*, 1786.

Leclerc, (Dlle Etienne-Elisabeth,) *rue Bourg-l'Abbé*, 12 Mai }
Lair, (Dlle M. Elis.) 18 Fév. }
Lambert, (Dlle Marie-Louise, f. Quilliet,) *r. S. Sauv.* 10 Sept. } 1788.
Létienne, (Dlle Angélique,) *rue des Bourdonnois*, 3 Octobre, }

Manon, (Dlle Marguerite-F. Lemait. fem.) 27 Août, 1779.

Merle, (Dlle Mag.) *rue de Grenelle S. Honoré*, 27 Septembre 1781.

Maillant, (Dlle Ma. Magdeleine.) 1782.

Menestrier, (Dlle M Suz.) 22 Août, }
Maniçié, (Dlle Félicité,) 27 Sept. *rue de Valois*. } 1783.

Merian, (Dlle Marie-Anne,) }
Maupin, (Dlle Marie-Françoise, veu.) } 1784.

Marel, (Dlle Aimée Lairs, fem.) 1785.

Menager, (Dlle Elis.) *rue de Cléry*, 27 Août, 1787.

Neveu, (Dlle Mar. Th. Kaisin, v.) 25 Janv. 1782.

Noblet, (Dlle Anne-Cat. Fagard, 1782.
Oblin, (Dlle Jeanne) 1785.
Pingard, (Dlle Ca. Em. de Lance, f.) *rue de Grenelle, F. S. G.* 30 Sep. 1777.
Pierron, (Dlle Thérese Billon, fe.) 28 Sept *rue n. S. Martin.* 1782.
Petit, (Dlle R. Boucher, fe.) *rue Basfroy*, 1784.
Pluchard, (Dlle Rosalie) *rue des Mauvais Garçons, F. S. G.* 1785.
Plantier (Dlle Elisabeth-Eug. V.) } 1787.
Pichery, (Dlle Marie-Colombe, *rue S. Martin*, 7 Août, } 1787.
Petitpas, (Dlle Marie-Magdeleine, v. Marchais,) *rue Phelippeaux*, } 1788.
Plouin, (Dlle Marie,) *rue de la Jussienne*, } 1788.
Richard, (Dlle Marie-Barbe Reichartein, f.) *r S. Jacq*, 30 Sept. 1777.
Racinet, (Dlle Marie-Anne Charpentier, veuv.) *rue de la Vannerie*, 1784.
Rigaudin, (Dlle Jeanne-Dubois, 1785.
Ribeaut, (Dlle Julie,) *rue du Poirier*, 16 Août, 1788.
Scheneder, (Dlle Dautreppe, fem.) *r. S. Ant. vis-à-vis celle Percée.* 1777.
Saligné, (Dlle Mar Cat. v. Albert,) *rue des Ecrivains*, 22 Août 1783.
Scababerte, (Dlle M. A. Ladouze,) *rue S. Thomas*, 1786.

Salmon, (Dlle Angélique - Emilie Rudmarre,) *rue des SS. Peres,* 1786.

Tripier, (Dlle M. A. Babel, fem.) 1770.

Trotain, (Dlle Louise-Henr. Mag. dite Hainault Moreau, fem.) 27 Mars, } 1782.

Têtevuide, (Dlle Anne, v. Paton,) *rue neuve S. Roch*, 20 Déc. }

Tricot, (Dlle Mar. Jul. Escarbiat,) *rue Montmartre,* 1786.

Truzain, (Dlle Marie-Jeanne, v.) *rue Mouffetard*, 2 Juill. 1788.

Vatrigand, (Dlle Quenet, femme) *rue Coquilliere,* 1776.

Viquet, (Dlle Laurent, femme) *rue des Prouvaires,* 1776.

Vitaux, (Dlle A.) *rue des fossés M. le Prince*, 30 Juin.

Vacossin, (Dlle Thé.) 1783.

Vergèrat, (Dlle Marie-Jeanne-Jos. Buy, veu.) *r. Pavée S. André,* } 1784.

Verrinne, (Dlle Marie-Anne-Lo.) }

Vivien, (Dlle Marie-Anne,) }

Vivier, (Dlle Marie-Anne,) *rue Mazarine,* } 1786.

Voelf, (Dlle Adélaïde-Sophie,) }

Villemain, (Dlle M. Fr. v. Macheray,) *rue S. Martin*, 10 Fév. 1778.

Ygier (Dlle Jeanne, femme Haus,) *rue fauxbourg du Temple,* 1785.

SECOND TABLEAU.

MESSIEURS LES ANCIENS MAITRES LIMONADIERS.

A

1759.

ANDRÉ, Philippe-Michel, *place Louis XV*, 20 Avril.

1763.

Allou, Denis, 14 Mars.

Arvisenet, André, a. j. 11 Avril.

1765.

Armand, Jos. *Boul. du Temple*, 19 Août.

1766.

Aubert, Charl. *rue du Petit Pont*, 25 Nov.

1771.

Arvisenet, Antoine, 23 Déc.

1774.

Arvisenet, Louis, 6 Oct.

B

1742.

Buffilliet, Et. F. 6 Déc.

1743.

Bouillard, Claude-Philip. 5 Sept.

1753.

Baudet, Jacques, 17 Juil.

1756.

Bonnet, Robert, 27 Sept.
Buſſillet, J. L. P. r. *de la Mortellerie*, 1 Oct.

1759.

Badin, André, 6 Avril.
Borel, Char. *Grille de Chaillot*, 23 Août.
Bouquet, Jean, 27 Août.

1766.

Buteux, J. F. *place de Grève*, 25 Févr.

1767.

Bontems, F. L. *quai des Céleſtins*, 16 Juin.
Bazin, Jean,

1768.

Bazin, Edme, *rue Coquenard*, 12 Juill.

1769.

Breſſon, Louis-Etienne, 21 Mai.
Blanchet, François, 14 Juin.
Blanchard, Jean-Fr. 15 Oct.

1771.

Balmont, Nic. *rue de la Tannerie*, 9 Sept.

1772.

Bozon, Jean-Fr. *rue de la Lune*, idem.
Bourcier, Edme-Mar. 3 Mars.
Bonal, M. Joſ. 7 Mai.
Bugniard, Antoine-Nicolas, 23 Juin.
Bidard, Pierre-Charles, 24 Sept.

1773.

Boulard, J. B. r. *des Deux-Ponts*, 29 Avril.

1774.

Billard, Hil. *rue des gr. Degrés*, 20 Janv.
Barriere, J. Bapt. *F. Montmartre*, 18 Avril
Bechet, J. Bap. *rue Dauphine*, 28 Mai.
Bertin, Antoine, 4 Juill.
Bruandet, Lazare, 22 Déc.

1775.

Bacouel, Pierre-André, 11 Sept.

C

1749.

Cauffin, Touff. 28 Août.
Creftel, Antoine, 25 Nov.

1754.

Cambernon, Guillaume-Francois, a. j. *place de Greve*, 8 Mai.

1755.

Collard, Max. a. j. *r. de la Cerifaye*, 2 Sept.

1756.

Couvreur, Martin, 22 Sept.

1759.

Chevalier, Ch. Furcy, 5 Fév.
Cauffin, Jean, 22 Mai.
Colin, Ant. *montagne Ste Genev.* 22 Août.

1766.

Capron, Lo. An. 13 Juill.

1770.

Cuifinier, Charl. *rue S. Honoré*, 28 Mai.

1771.

Cambernon, C. G. *ch. M. fon pere*, 17 Oct.

1772.

Chezard, Jo. Al. *rue aux Fers*, 11 Avril.

1772.

Colard, fils, Pierre-Maximilien, 3 Août.
Cailard, Pi. *rue Comtesse d'Artois*, 26 Août.

1773.

Chauvin, Nic. *rue des Gravilliers*, 30 Janv.

1774.

Carpentier, De. *rue Montmartre*, 27 Janv.
Coussinet, Joseph, *rue du Temple*, 2 Août.

1775.

Clerambault, J. *r. du F. S. Martin*, 27 Juin.
Cuppis, Charles, *rue du Fauxb. Montmartre*, 7 Août.
Cusingogaz, Claude, 21 Nov.

1776.

Cauvin, J. Fr. *rue du Temple*, 4 Janv.
Chambon, Léonard, 11 Janv.

D

1737.

Douaud, J. Epic. *rue Mauconseil*, 19 Août.

1739.

Dubuisson, F. *Boulev. du midi*, 23 Janv.

1740.

Dupuy, Louis, 3 Juin.
Dupuis, René-François, 22 Juil.

1752.

Ducroé, Mat. *rue Jean de l'Epine*, 12 Fév.
Deudin, Marie-François, Concierge du Bureau, *au Bureau*, 23 Fév.

1753.

Deudin, François-Louis, 2 Déc.

1755.

Daras, Pierre-Vincent, 17 Av.

1757.

Dupuy, Jean-Louis, 12 Mai.

1759.

David, Claude, *rue Montorgueil*, 5 Fév.

Dalbeaux, And. *Place du Louvre*, 21 Mars.

Daniel, Ant. *r. du F. S. Jacques*, 23 Mars.

Dupleſſis, Jean Patard, *rue du Petit-Carreau*, 6 Avril.

Deſguerrois, Jean-Marcel, 20 Août.

1761.

Devaux, Charles, 27 Juil.

1764.

Damin, Léonard-François, 6 Jianv.

1765.

Deſſert, Franç. 30 Déc.

1766.

Depreaux, Fr. *rue du F. S. Honoré*, 12 Mars.

Deſchamps, Jac. 8 Avril.

Domme, P. *aux Champs-Eliſées*, 15 Mai.

Dupuis, Jean-Lo. (br.) Epicier, *rue ſaint-André*,

Denis, And. Mich. *v. Halle au bled*, 4 Fév.

Dovin, Louis, *au Palais du Luxembourg*, 17 Av.

1770.

De Flert, Pierre, *rue neuve des Petits-Champs*, 2 Juil.

Dubuiſſon, François, 22 Nov.

1771.

1771.

Doche, Jacques, 7 Juin.
Després, Louis-Henri, 27 Juill.
Deloche, Jean-Baptiste, 26 Mars
Despreaux, Jacques-Michel, 25 Mai.

1774.

Dovin, Th. Fr. 6 Oct.

1775.

Dumoulin, Barthelemi-François, 22 Fév.
Delfieux, Nic. 22 Mai
Desroques, An. Pa. *rue de l'Echelle*, 7 Sep.

F

1743.

Flamand, Pier. Laur. a. j. 28 Sept.

1757.

Froment, Claude, *isle S. Louis*, 24 Nov.

1760.

Flagis, Pierre, 26 Av.

1766.

Fauveau, Jean, 6 Oct.

1768.

Fournier, Pi. Fr. *rue S. Antoine*, 9 Juil.

1770.

Fortenfant fils, Etienne, 8 Oct.
Fabert, Sébastien, 29 Oct.

1771.

Fagard fils, L. S. 26 Mars.

1772.

Froment, L. F. *rue* 4 Mai.

1773.

Favrin, François, 30 Fév.
Fortenfant fils, François, 8 Juil.
Fournier, Claude-Antoine, *rue du fauxb. S. Martin*, 2 Août.

1774.

Fagard fils, Jean-Martin, 10 Mai.

1775.

Flamant, Hilaire-Pierre, fils, 13 Fév.
Froment fils, L. Cl. *r S. Honoré*, 27 Mars.
Fay, Jean-Bapt. *rue S. Martin*, 8 Avril.

G

1753.

Gibé, Antoine, *porte S. Antoine*. 9 Juin.

1755.

Gendrin, J. L. *Abbaye S. Germain*, 5 Fév.

1758.

Gaudin, Bruno-Stanislas-François, 18. Déc
Gaucherot, Jean, *quai des Tuil.* 23 Mars.
Gisors, Pierre, 10 Mai.
Giraudot, F. Ch. 22 Août.
Godeau, François-Charles, 23 Août.
Gibus, Raimond, 18 Oct.

1762.

Geoffroy, Charles, 21 Juin.

1765.

Gilbert, Noël, 9 Juil.
Goguelat, Louis, 2 Juil.

1767.

Gallet, Pierre, (br.)*rue du Temple*,

1767.

Garnotel, Jean-Baptiste-Michel, 9 Nov.

1769.

Godeau, Hen. Alexis, 26 Mai.

1770.

Godart, Jean-Bap. 19 Fév.

Gonier, Nicolas, 17 Sept.

1774.

Guerin, Pierre-Barthelemi, *Théâtre Italien*,

Guerin, Pierre-Nicolas, *rue des Boucheries*, 2 Mai.

1775.

Grevin, Antoine, *rue S. Martin*, 6 Mars.

Gottis, Bar. Ju. *r. de l'Arbre-sec*, 21 Août.

1776.

Greslin, Jean-Cha. *rue Montmar.* 22 Janv.

Gontier, *rue des Cinq-Diamans.*

H

1759.

Hardy, Ant. *rue des Arcis*, 28 Juin.

1765.

Houpat, P. *rue neuve S. Sauveur*, 21 Mai.

1767.

Hennequin, François, (br.) Epicier, *rue Poissonniere*,

1773.

Happé, Pierre, 27 Juil.

1775.

Herblot fils, Charles-Pierre, 20 Mars.

1775.

Huré, Nicolas, *rue Mêlée*, 20 Juil

J

1732.

Jourdan, Louis, 27 Juin.

1765.

Jourdan, Maurice, *rue* 19 Juin.

Isambert, Laz. *rue de Vaugirard*, 30 Sept.

1772.

Janet, René, *boulevard du Temple*, 4 Mai.

1775.

Janin, Jean-Bap. 7 Sept.

L

1741.

Lefebvre, Guillaume, 31 Mai.

1746.

Langlet, Jean, 1 Août.

1752.

Lavoisiere, Louis, 20 Mai.

1753.

Leclerc, Et. Fr. *rue de Bourgogne*, 25 Janv.

1757.

Lefebvre, Ant. Pi. Fir. 16 Sept.

1758.

Lombard, Etienne, 29 Juil.

1759.

Lebrun, Nic. 20 Mars.

Lerouge, Jean-Nicolas, 29 Mars.

Legoueſt, François, 10 Mai.

1760.

Legrand, Jean-Baptiste, 23 Avril.

1762.

Laflotte, Jo. a. j. *rue Mondetour*, 12 Fév.
Lebegue, Pi. r. *des Cinq-Diamans*, 5 Mars.
Lesobre, Charles,

1764.

Lagniel, G. F. *pass. de Beaujolois*, 12 Mars.

1765.

Ladey, Louis-Didier,

1766.

Leroy, Charles, *rue Pl. Mibray*, 25 Nov.

1767.

Ledoux, F. *cul-de-sac S. Pierre*, 4 Août.
Lepaon, Cyprien, *quai Pelletier*, } Brevetés.
Liesse, G. F. *S. Laurent*, }

1769.

Lallou, J. Bap. *rue du Temple*, 27 Avril

1770.

Langlet, J. Ch. *place S. Michel*, 24 Sept.
Legrand, J. Fr. 3 Déc.

1771.

Laurent, Nicolas-Pierre, 30 Sept.
Laurent, Denis, 3 Oct.

1772.

Lemaire, Pi. *rue S. G. des Prés*. 22 Juin.
Lelievre, Pi. r. *des Déchargeurs*, 11 Déc.

1773.

Legueux-canut, Jean-Pierre, 9 Juin.
Lestrade, Jean-J. *porte S. Martin*, *coin du boulevard*, 13 Déc

1774.

Lebrun, Pier. Fr. *rue S. Martin*, 18 Janv.

1775.

Lemarinier, Nicolas-François, 8 Juin.
Leclerc, Valentin, *rue des Boucheries*, *fauxb. S. Germain*, 26 Juil.

M

1740.

Masson, Jacques, 4 Août.

1748.

Meurizet, Jean-Guillaume, 10 Oct.

1751.

Morel, Jean-Baptiste, 8 Fév.

1752.

Morel, Lo. a. j. *rue du F. S. Denis*, 6 Juin.

1753.

Marion, Robert, 8 Fév.
Michault, Jean-François, 20 Juil.

1756.

Masselin, Claude, 27 Sept.

1757.

Masson, Jean-Touss. 16 Sept.

1759.

Meusnier, Jean, 21 Mars.
Mauvé, Simon, 22 Mai.
Matel, Jean-François, 6 Avril.

1764.

Mielle, A. *rue neuve Notre-Dame*, 13 Nov

1766.

Magnier, Louis-Joseph, 13 Mars.

1767.

Mouillard, Louis-Fr. (br.) *rue S. Honoré*,

1770.

Meignot, François, 9 Avril.
Moraine, Jean-Pierre, 28 Juin.

1772.

Morieux, Franç. *rue du Bouloir*, 11 Juin.

1773.

Mahelin, Laurent, *rue Daval*, 8 Mars.

1774.

Mary, Edme, *r. n. des petits Champs*, 30 Avril.

1775.

Marollé, Jean Nic. 2 Mars.
Milley, Henri, *rue S. Denis*, 12 Août.
Mabille, Pi. Ant. 4 Sept.
Metté, Nic. 12 Oct.

1776.

Mayet, Julien, (tr.) Janvier.

N

1757.

Nortier, Nicolas, 16 Sept.

1775.

Ninove, Jean-Jacques, 9 Mars.

O

1770.

Olivier, André, 20 Oct.

P

1753.

Progin, Jean-François, 7 Mai.
Poirez, Simon, 21 Mai.

1755.

Poûrchel, A. a. j. *rue du Temple*, 17 Avril

1757.

Ponsart, Jacques, 24 Janv.
Pinard, Michel, *rue S. Denis*, } 29 Mars.
Paradis, Christophe, }
Papillon, Pierre, }

1766.

Perrier, Simon, *rue de Vaugirard*, 25 Nov.

1767.

Pigache, Jean-Pi. (tr.) *r. de Seve*, Janvier.

1770.

Patural, Jean, 13 Août.
Pivet, Matth. Fr. 29 Nov.

1771.

Poisson, fils, J. P. *rue de la gr. Truanderie*, 11 Juin.

1772.

Pourchel, fils, Fr. 14 Sept.
Perrier, Pierre, 22 Oct.

1774.

Poisson, fils, Ja. Lo. *r. Grenetat*, 28 Janv.

1775.

Poiray, J. Fr. 7 Août.
Penchaud, Silvain, *rue Montorgueil*, 12 Août.
Pilloy, Pierre-César, 18 Sept.

Q

1759.

Quillain, Pierre, 22 Mai.

1774.

Quillain, Simon, 12 Déc.
Quillain, Hilaire-Pierre, 12 Déc.
Quillain, Adrien-Jean, 13 Fev.

R

1738.

Rouſſel, Jean-Baptiſte-Francois, 29 Déc.

1755.

Ricout, Nic. a. j. 9 Avril.

1759.

Rouſſel, Charles, *rue du fauxbourg du Temple*, 28 Mars.
Routier, Nic. *fauxb. S. Martin*, 10 Mai.
Rey, Jean-Bap. 20 Août.
Richard, Edme-Claude, a. j. *rue Betizy*, 18 Sept.

1766.

Roſt, Fr. Henri, 29 Déc.

1769.

Rouſſel, Didier, 23 Oct.

1771.

Ricout, fils aîné, J. Bap. 27 Mai.

1772.

Ricout, fils jeune, J. Bap. 25 Nov.

1774.

Rouſſel, Louis-Charles, (tr.) Janvier.
Rognot, Jean, *rue Plâtriere*, 25 Avril.
Roitel, Jean, *rue Beauregard*, 19 Déc.

S

1744.

Sincere, Ant. Hub. 23 Déc.

1749.

Saget, Claude, 24 Juil.

1753.

Sirejean, Edme-Joſeph, 23 Juil.

1759.

Savary, Joſeph, *rue des Cordeliers*, 23 Mars.

1765.

Seurat, Didier-Philippe, 7 Fév.

1771.

Sabatier, Ant. *rue des Lavandieres*, 15 Mai.

1773.

Samſon, Jean-Edme, 7 Janv.
Saget, Claude-Jean-Baptiſte, 11 Fév.

1774.

Sallais, François-Noël, *rue de Lancry*, 1 Sept.

1775.

Sainclair, Fr. (tr.) Jan.
Scaillet, Ph. 29 Août.
Soulier, fils, Edme-Joſeph, 23 Oct.

T

1743.

Trouard, Gilles, a. j. *rue de la Verrerie*, 19 Juin.

1759.

Tabuit, Nic. *rue de la Féronnerie*, 20 Avril.

Tavernier, Charles, *rue de la Mortellerie*, 22 Août.

1768.

Thevenot, Jean-Claude, Juin.

1771.

Talibon, Jean-François, 4 Avril.

Thiébaut, Jac. *rue S. Honoré*, 29 Avril.

Tillard, Barthelemi, 9 Sept.

1772.

Tertier, Jean-Antoine, 17 Fév.

1773.

Turc, fils, Adrien-François, *rue S. Martin*, 15 Oct.

Treſelle, Ant. Gab. 18 Oct.

1775.

Tupin, Jean-Fr.

Thiriet, Oger, *ſous le g. Châtelet*, 20 Avril.

Thubeuf, Pierre-Nicolas, } 23 Oct.

Thubeuf, Louis-François, }

V

1755.

Vicherat, André, 15 Avril.

1759.

Varlet, Jean-Nicolas, 10 Mai.
Viſeux, Antoine-Robert, 20 Août.

1760.

Vatelet, Pierre, 23 Avril.

1766.

Vincent, Antoine, 12 Mai.
Vermorelle, François, 19 Sep.

1768.

Verdanduret, Marin, 12 Juill.

1772.

Vanlendin, André, *rue de Bondi*, 9 Déc.

1774.

Veuble, J. Bapt. *boulevard de l'Hôpital*, 11 Avril.

1775.

Vorain, Jean, 8 Avril.

MESDAMES LES VEUVES DU SECOND TABLEAU.

A

ALLOU, Pi. a. j.
Alexandre, *rue des Mauvais Garçons S. Germain*, 1765.
Avet, Joseph, 1772.
Arrouard, Louis, 1773.
Achard, Jean

B

Belleville, Guill.
Blin, Nicolas,
Bourbonne, Denis,
Bardoulat, François, *rue Mauconseil*, 1774.
Badran, Jean-Louis, 1777.
Bertault, Alexis-Laur. 1778.
Bourcier, François, a. j. 1779.
Bucaille, Jean Baptiste,
Billard, Hilaire,

C

Chastelin, Henri,
Chauvin, Pierre,
Chapron, Louis, 1770.

Caussin, Louis, 1773.
Chezard, Jerôme, 1775.
Chardet, Joseph, *rue* } 1776.
Chazé, Cl. }
Chenard, Th. } 1782.
Coquelin, Pierre, }

D

Deudin, (veuve Fran. Den.) *Concierge du Bureau de la Communauté*, 1758.
Dutilloy, Charles, 1766.
Duplessis, J. Pat.
Dumoulin, F., *rue du Roi de Sicile*, 1766.
Dudouit, Guillaume, 1770.
Dalivost, Germain-Pierre, a. j.
Daniel, Alexandre, } 1787.
Deschamps, Louis, }

E

Eudet, Guillaume, 1774.
Estanssant, J. B. *r. de la gr. Truanderie*,

F

Fortin, Pierre, a. j. *Montagne Ste Geneviève*, 1782
Finel, Lo. Al. Nic., 1783.
Fortenfant, Pierre,

G

Gendron, Gilbert, } (ret.)
Guerin, Marin, }
Godeau, Hen. Al. 1766.
Guiard, René, 1773.

Gourde, J. B. 1780.
Guédon, Pierre, 1782.

J

Jacquotin, Jean-Baptiste, 1771.
Jouet, Louis, 1776.
Julien, Michel, *Montagne Ste Genevieve*, 1787.

L

Lemaire, Clovis, a. j.
Laffé, Clément, a. j. *rue Chapon*,
Lepays, Louis,
Ladey, Edme,
Lavoisiere, Louis-François, 1766.
Leroux, Nicolas, 1770.
Legrand, Lo. 1784.
Loyauté, Nic.
Lefrançois, Louis, } 1787.

M

Maucler, Charles,
Milliat, Etienne, Fév. 1777.
Maherault, Julien-Robert, 1777.
Maffon, Charles-Pierre,
Maria, Jacq. Fr. 1782.
Montmayeux, Ant.
Millot, Dominique,
Marcy, Jean-Baptiste,
Mariavalle, L. Fr. r. *des Nonaind.* } 1787.
Millot, Pierre-Philippe,
Mathis,

N

Nay, Franç. a. j. 1777.

O

Onfroy, Jean, *rue des deux Ecus*, 1782.

P

Pillot, Charles,
Patin, Charles, 1773.
Pemigeot, Edmond, 1778.
Poirier, Alexandre, 1780.
Poiffon, Fran. a. j. 1782.
Poirier, Jacques, 1784.
Pichot Jean, *rue de l'Arbalêtre*, 1787.

Q

Quillain, Hilaire, 1784.
Quillain, Louis,

R

Rainvillier, Jacques,
Raguet, Charles,
Rainteau, Antoine,
Rabier, Jean-Michel,
Retinat, Joach. *rue du F. S. Denis*, } 1765.
Roy, Jean, anc. jur. 1778.
Renard, Hubert, *rue Ste Anne*,
Robin, Etienne, 1787.

S

Sirejean, Joseph,
Soulier, Charles, 177..

T

Toutain, Laurent, *rue des Arcis*,
Touchard, Guillaume-Jean, 1766.
Thiery, François, 177..
Tomas, Jean, *rue des Petits-Champs*, 1786.

V

Virier, Pierre, (ret.)
Viseux, Antoine, a. j.
Vale, Jean,

MESSIEURS LES ANCIENS MAITRES VINAIGRIERS DU SECOND TABLEAU.

A

1765.

Augere, Et. Pie. 30 Déc.
Audouard, Jean, 1 Août.
Adam, Charles, (br.) *rue Charlot*,

1768.

Audouard, Antoine-François, 5 Sept.

1771.

Audouard, Charles-François, 28 Oct.

B

1753.

Bailly, Charles-Pierre, 5 Sept.

1754.

Bourdon, André, 16 Janv.

1758.

Bocahu, Vincent, 6 Mars.

1767.

Brot, Jean-Et. 1 Août.
Boucher, Claude-Hubert, 5 Sept.
Bertaul, Char. Isid.

G

1759.
Corneille, Alexis Pierre, Epicier, *rue Comtesse d'Artois*, 27 Sept.

1773.
Camus, Jean-André, 6 Mai.

D

1753.
Delarue, Charles, a. j. 2e Clerc, *rue du F. S. Laurent*, 24 Janv.
Delaplace, Nicolas-Noël, a. j. 5 Sept.

1754.
Dupuis, Charles,
Dufour, Antoine, } 25 Mai.
Debeauvais, André-Michel, 15 Juin.

1756.
Delarue, Charl. Ant. 20 Oct.

1763.
Descaures, François,
Descaures, Jean-Claude, } 27 Oct.

1764.
Debeauvais, Mart. Pi. 22 Août.

1765.
Delarue, Pierre-Charles,
Delarue, Charles-François, } 28 Juin.
Denise, Pierre-Louis,
Debeauvais, Pi. Gab. } 8 Août.

1767.
Desavoyes, A. (br.) r. *de Charenton*,

1768.

David, François Henri, 25 Oct.

1770.

Debeauvais, Nic. Marie, 20 Sept.

Danois, Adrien-Charles, 13 Déc.

1771.

Delarue, Maurice-Louis, } 4 Av.
Delauney, Pierre, }

Delarue, Henri-Charles-Louis, 28 Oct.

1772.

Durand, Jean-Pierre-Marie, 23 Juil.

1773.

Delavacry, Nicolas, 6 Mai.

1775.

Decaux, Jean-Marie, 19 Fév.

F

1735.

Faburel, François, 20 Déc.

1744.

Faburel, Nicolas, 12 Nov.

1748.

Faucheur, Nicol. a. j. 19 Déc.

1756.

Faburel, Jacques, *rue S. Médard*, 13 Août.

1764.

Faburel, Pierre, 26 Déc.

1765.

Fay, Pierre-Jacq. 30 Déc.

1766.

Ferrez, Jean-Charles, 25 Oct.

1767.

Faburel, Nicolas, 12 Fév.

1770.

Faburel, Charles-François,
Fay, Je. Pierre, 20 Sept.

1772.

Ferrez, Laurent-Pierre,
Ferrez, Jean-Laurent, } 6 Mai.

G

1763.

Gory, Guillaume, 27 Oct.

1770.

Gory, Laurent, 20 Sept.

H

1763.

Hardy, Louis-Charles, 27 Oct.

1767.

Hecquet, Jacq. Bern. 30 Déc.

J

1767.

Jazerand, Pierre, 1 Août.

1767.

Jean, Robert-Maurice,
Jazerand, Mich. } 5 Sept.

1769.

Jean, Nicolas-Louis, 2 Mars.

1770.

Jazerand, Adrien-Raimond, 13 Déc.

1771.

Jouverot, Nicolas-Jacques, 4 Avril.
Jazerand, Jean-Jacques, 19 Juin.

1774.

Jean, François-Marie, 19 Oct.
Juvigny, Jacques-Pierre, 19 Oct.

L

1741.

Leroux, Claude, 26 Av.

1742.

Lanique, Jean, 27 Sept.

1745.

Leroux, Jean-Maur. a. j. 25 Sept.

1753.

Landart, Antoine, a. j.

1755.

Lefevre, Jean-Franç. 31 Oct.

1762.

Labour, Jacq.
Lerouge, Pierre, } 22 Juill.

1767.

Lerouge, P. M. r. *de Bercy, F.S.A.* 1 Août.

1768.

Lobet, Jacques, 10 Mars.
Leclerc, Antoine-Guillaume, 5 Sept.

1769.

Landard, Pierre-Antoine, 2 Mars.
Lerouge, Jean-Nicolas, 13 Déc.

1771.

Landard, Honoré,
Lefaucheur, Louis-Casimir, } 23 Déc.
Landard, Zacharie-Antoine,

1773.

Lefevre, Jean-Louis, 6 Mai.

1775.

Lesieur, Pierre-Adrien, 18 Mai.

M

1733.

Madurel, Jean-Antoine, *rue S. Bernard*, 1 Oct.

1758.

Minard, L. J. *rue d'Argenteuil*, 12 Janv.

1769.

Mainguet, Denis, 25 Oct.

1770.

Menage, Eti. Rob. Fr. 20 Nov.
Mainguet, Paul-Fran. Marie, 13 Déc.

1771.

Martin, Etienne, 18 Juil.
Morigny, Cha. Th. 23 Déc.

1773.

Montarlet, Jean-Antoine, 6 Mai.

P

1753.

Petit, Charles, 12 Sept.

1759.

Petit, Gilbert, 27 Juil.

120 1768.

Petit, Jean-Louis, }
Petit, Adrien, } 16 Juin.

1770.

Perabo, Jean-Baptiste, 13 Mars.
Plantin, Joseph-Zephir, 23 Déc.
Pozier, Jean-François, 4 Avr.

1771.

Perret, Clément, }
Perabo, Jean-Pierre, } 26 Oct.

S

1762. 121

Sablonnier, Edme, 6 Mai.

1766.

Semelle, Denis-Jacques, 17 Juin.
Sennequin, Clém. Eti. 13 Déc.

1771. 121

Simonet, J. Bap. 26 Oct.

1775.

Sablonnier, Pierre, 12 Mai.

T

1770.

Tahere, Jac. Mic. 13 Déc.

1774.

Thauret, Ch. Lo. 22 Déc.

MESDAMES

MESDAMES

LES VEUVES.

Bourdon, a. j.

Camus, a. j.

Corneille, a. j.

Chatelain,

Dedron,

Lambert, Denis, *rue des Grands-Degrés*,

Lefevre,

Pichat, *rue de l'Arbalêtre.*

Veuve François-Denis DEUDIN, Concierge & Clerc du Bureau.

François-Marie DEUDIN, reçu en survivance, *au Bureau, rue de la Mortellerie.*

Charles DE LA RUE, second Clerc, *rue du fauxbourg S. Laurent.*

TROISIÉME TABLEAU.

LISTE

Des Particuliers qui ont payé les sommes fixées par la Déclaration du 19 Décembre 1776, pour la vente en détail de l'Eau-de-Vie, Bierre & Cidre.

A

1780.

Abit, Jean-Baptiste, *rue de la Michodiere.*

1781.

Antoine, Noël, *rue de Montreuil.*

Auclin, Charles, *rue de Popincourt.*

1784.

Adam, Louis-Franç.

1785.

Arnoult, Claude-Victor,

Aufret, Jean-Baptiste, *rue de Cléry.*

1786.

Auvray, Pierre, *rue des Barres.*

1787.

Ancelin, Jean, *rue de la Tixeranderie.*

1788.

Auvray, Thomas, *rue de l'Egoût d'Antin.*

B

1777.

Beaufort, J. Fruitier, *rue du F. S. Jacques.*
Beaumont, J. Louis, *rue basse du Rempart.*

1778.

Baltet, Jean, *rue Mouffetard, vis-à-vis les Gobelins.*
Barangé, Jacques, *rue neuve Guillemain.*
Barrier, Jean, *rue des Amandiers.*
Bonnet, François-Claude, *rue de Reuilly.*

1779.

Baugis, Guillaume, *rue Marcadé.*
Bertin, Jean, *rue des Sept-Voyes.*
Boyer, Antoine, *rue des Beaujolois.*
Bournot, François, *coin des rues de Beauvais & du Champ-Fleuri.*
Bray, (Dlle Marie-Anne Soudé, fem.)

1780.

Beaujon, Alexandre, *rue du F. S. Lazare.*
Barbarand, Michel, *rue Tiquetone.*
Bertrand, (Dlle Marie-Anne Piven, f.)
Bosquet, (Dlle Catherine Gilbert, fem.)

1781.

Ballot, Louis-Franç. *gr. rue du F. S. Ant*
Berthe, (Dlle Charlotte-Charigny, *rue Princesse.*
Blois, (Dlle Anne Moreau,)
Bontems, André-Noël, *rue de la Roquette.*
Burbas, (Dlle Louise Legros,)

1782.

Borel, (Dlle Marie Brochet, veuve)

1783.

Bellier, Henri, *rue Ste Avoye.*

Bernard, Jean-Nicolas, *rue S. Honoré.*

Boileau, Jacques, *gr. rue du Faux. S. Ant.*

Bullot, Maximilien-Médard, *r. du Sentier.*

1784.

Bauby, Louis, *rue du Théâtre François.*

Buzelin, Martin, *rue S. Laurent.*

1785.

Berger, François, *Chemin de Menil-montant.*

Berthe, Philippe, *rue de la Truanderie.*

1786.

Bertaut, Jean Eloy, *rue S. Martin.*

Binet, Pierre, *rue des Trois Portes.*

Barbet, Jean-Bap. *rue de Bercy, F. S. Ant.*

Barais, Jacques, *rue des Filles S. Thomas.*

1787.

Bozard, (Dlle Magdel. F.) *rue Vaugirard.*

Bougeret, (Dlle Cath. V.) *rue des Deux-Ponts.*

Baillard, Louis, *rue Tiquetonne.*

Berſunt, Pierre, *rue Zacharie.*

Belletre, Antoine-Victor, *rue de Charonne, près la Borne Royale.*

1788.

Bercher, Charles, *rue de Courty.*

Bullant, Antoine, *rue de Sève.*

C

1777.

Caillot, Bernard, *rue de la Pelleterie.*
Chalamelle, Bern. *rue neuve S. Sauveur.*
Choffier, Sulpice, *rue d'Enfer, coin du Boulevard neuf.*
Coufoury, Pi. *hors la bar. du F. S. Martin.*

1778.

Caron, Pi. F. *rue & coin de celle neuve S. D.*
Chalochet, Nic. *rue S. Jacq. après les Jac.*
Chevallier, Jean, *rue de la Vannerie.*
Coffard, François, *rue du F. S. Antoine.*
Couture, Christophe, *rue S. Dominique.*

1779.

Compoint, Paul-Antoine, *rue S. Denis.*
Coffard, J. *r. Mouffetard, près les Gobelins.*
Cottineau, (Dlle Marie-Cather. Charlotte Truta, fem. de Noël)

1781.

Champagne, Nicolas, *fauxb. S. Martin.*
Charpentier, François, *rue Ste Marguerite, fauxbourg S. Antoine.*
Chartier, Jean-Baptiste-Antoine,
Choizela, Edme, *rue de Popincourt.*
Coufourier, Antoine-Joa. *r. des Anglois.*
Courtois, Joseph, *rue Traversiere, fauxb. saint-Antoine.*

1783.

Cabotin, François, *rue neuve S. Médard.*

Chevallier, Etienne-Jean, *r. du petit Bacq.*

Culmet, Nicolas, *rue des Cinq-Diamans.*

1784.

Challe, Emman. Gab. *rue du Sépulchre.*

Chapelard, J. Si. *gr. r. du F. S. Antoine.*

Chesne, Léon. Fran. *rue de Viarme.*

1785.

Catalan, Jean, *rue Charetiere.*

Choquet, (Dlle Louise-Henriette, v. Roty)

1786.

Chatenay, François, *rue N. D. Nazareth.*

Cerf, François, *rue de la Verrerie.*

Charle, Charles, *rue de Lappe.*

Cateaut, Pierre, *rue de la Harpe.*

1788.

Camus, Paul-Marie-Anne.

Chatenay, François, *rue marché S. Martin.*

Coulon, Jean, *rue des Noyers.*

Cavée, Ch. *r. & au coin de celle Charenton.*

Cellier, André, *rue S. Denis, près celle Guérin-Boisseau.*

D

1777.

Delvincourt, Nicolas, Epicier, *rue des Fossés S. Victor.*

Durand, (Dlle Lemaire, v.) *rue S. Denis.*

1778.

Derache, veuve Barnabé, *rue Plumet.*

1778.

Didion, Jos. *rue de Berci, F. S. Antoine.*
Dufour, Jean-Etienne, *port au Plâtre.*
Drouin, Pierre-Etienne, *rue de Bourbon, près celle des Saints-Peres.*

1779.

Duteil, Edme-Charles-Gaspard,

1780.

Dupont, Antoine, *rue des Vertus.*
Duvernay, Jean, *grande rue du fauxbourg saint-Antoine.*

1781.

Dagnet, Médard, *rue de Charenton.*
Denelle, Charles, *rue de la Roquette.*
Dufaux, Louis, *carrefour de Reuilly.*
Duplantay, Jean-Pierre,
Duponchel, (Dlle Marie-César,) *grande rue du fauxbourg S. Antoine.*
Drulle, Dieudonné, *rue de Charonne.*

1782.

Durand, Mathurin, *grande rue du fauxb. Saint-Antoine.*
Darnauld, Mathurin, *grande rue du fauxb. Saint-Antoine.*

1783.

Delacour, (Dlle Marie, veuve Delvincourt,) *rue du Fauxb. S. Denis.*
Drieux, Joseph, *rue*
Dubois, Jos. Alex.

1784.

Domin, Albert, *Chemin du Mesnil le Mont.*

Dupont, Marie-J. Ph. veu. *rue de Vaugirard.*

Duponchel, M. M. *r. S. Marguerite, F.S.A.*

Duvernay, (Dlle Ma. Mar.) *r. de Beaune.*

1785.

Desheules, Jean, *barriere S. Michel.*

Dubois, Jean-Charles,

Dorive, Denis, *rue S. Victor.*

Dubois Jean-Etienne, *fauxb. S. Antoine.*

Dargens, (Dlle Marie-Elisab.) *r. de Bourbon ville-neuve.*

1786.

Duparc, (Dlle Anne Bouillon, f.) *rue de Charonne.*

Déglise, (Dlle Jeanne,) *rue de Chartres.*

Dimanche, Michel-Franç. *rue de Bercy, fauxb. S. Ant.*

Dendée, (D. Françoise Langlais), *rue de la Roquette.*

Debievre, Charles-Michel, *rue Beauregard.*

David, Joseph, *rue S. Dominique, F. S. G.*

Duparc, Jean-Denis, *rue Tiquetonne.*

1787.

Dubouloy, Denis, *rue de Richelieu.*

De Gournay, Pierre, *rue de Charenton, Borne Royale.*

1788.

Deffert, (Dlle Fr.) *quai & port au Plâtre.*

Delorme, Jean-Joseph, *rue Basse, porte S. Denis.*

E

1777.

Eſpezolles, Jean, *rue du fauxb. S. Jacques.*

1780.

Etevé, François, *Champ des Capucins.*
Etevé, Louis, *cour S. Martin.*

F

1777.

Fortins, Jean-Charles, *hors la barriere du fauxb. S. Martin.*

Fraichain, Etienne, *rue du Jardin du Roi, coin de celle Cenſier.*

1778.

Ferrand, Em. Joſ. *rue du F. S. Antoine.*
Fournier, (Dlle Marie-Roſalie, femme)

1783.

Frangel, Mathurin, r. *Ste Croix de la Bret.*

1785.

Ferre, Henri, *rue Guérin-Boiſſeau.*

1786.

Favard, Jean-Louis, *grande rue du F. S. Ant.*

1788.

Fouquet, Nicolas-Amand, *rue Poiſſonniere.*

G

1777.

Gaultier, J. Mart. *rue S. Germain-l'Auxer.*

1778.

Godot, Robert, *rue du Fauxbourg Saint-Denis, près celle de Paradis.*

Gourlay, (Dlle Marie-Anne Vaillant) *rue Baillif.*

Guerpin, (Dlle Renoir, femme) *r. sainte-Croix de la Bretonnerie.*

1779.

Gerard, Jean-Baptiste, *rue Mouffetard.*

1781.

Gallois, Jacques, *chemin du Menil-montant.*

Gobin, André, *rue de Lappe.*

Gognon, Léonard, *rue d'Arras.*

Guillou, François, *grande rue du faubb. saint-Antoine.*

1782.

Geoffroy, Antoine, *rue des Cordiers.*

1783.

Guérin, Jean-Claude, *r. de Bourb. Villen.*

1784.

Gomard, (Dlle Adélaide) *F. Montmartre.*

1785.

Gotliel, Jean, *rue des vieilles Tuilleries.*

Grain, Edme-Pierre, *rue de Bièvre.*

Gaillard, Denis, *rue de Berry.*

Garnier, Pierre-Paul, *barriere de Sève.*

1786.

Guezou, Louis, *rue de Provence.*
Godnus, Jérôme, *vieille Place aux Veaux.*
Giraud, (Dlle Marie-Jeanne Porte) *rue du Petit Lion S. Denis.*

1787.

Guilliet, Louis, *rue des vieilles Etuves Saint-Martin.*
Gillebert, Antoine, *aux petits-Carreaux.*
Gingeon, Nic. Gaſ. *rue Poiſſonniere.*

1788.

Guerard, Louis, *rue de Bourbon V. N.*

H

1777.

Houbart, (Dlle Joupi, femme) *rue & tenant la Barriere du fauxb. S. Martin.*

1778.

Hornet, J. Pi. *r. de Reuilly, près la barriere.*
Houmel, François-de-Paule,

1781.

Hallé, Jacques-François, *rue de Charonne.*
Hancerne, Jean-Baptiſte, *rue de Lappe.*
Hubert, Jacques, *rue de Charonne.*

1785.

Hourey, Thomas, *rue du Temple.*
Hanneau, Honoré, *rue du F. ſaint Denis.*

J

1786.

Jolly, Pierre, *rue du vieux Colombier.*

Justin, Antoine, *rue de Valois.*

K

1785.

Kambert, Joseph,

L

1777.

Lahayes, J. *rue Aumaire.*

Lavenue, (Dlle Bedel, femme) *hors la barriere du fauxb. S. Martin.*

Lebas, Denis, *rue Guerin-Boiſſeau.*

Lefrançois, Georges - Vincent,

1778.

Lallemant, Jean, *rue de la Bucherie.*

Lefort, Guillaume, *rue S. Dominique, du gros Caillou.*

Leullier, Victor, Fayancier, *rue du Fauxbourg S. Antoine.*

1780.

Lefevre, J. Nic. *rue du F. ſaint-Martin.*

Lenoir, Claude, *rue Macon.*

1781.

Lagache, (Dlle Robin, veuve)

Lalande, Michel, *rue de Montreuil.*

Lamblin, Pierre-Jac.

Lapre, Jean, *grande rue du F. S. Antoine.*

Lefevre, André, *rue du Four S. Honoré.*

Lefevre, J. Cl. *rue de Seine ſaint-Victor.*

Leger, Jean, *grande rue du F. S. Ant.*

Lequeux, P. Jul. *gr. rue du F. S. Antoine.*

1782.

Lebeau, Jean, *rue de Reuilly.*

1783.

Labbé, Louis-Auguste, *r. du Four, F. S. G.*

Lange, Louis-Claude, *barriere S. Jacques.*

Lebegue, Jean Bapt. *rue du petit Bacq.*

Louette, (Dlle Jeanne-Genev. v.) *rue des Fossés S. Jacques.*

1784.

Lafontaine, Jean, *rue Notre-Dame-Nazar.*

Legallois, Michel,

1785.

Lacour, Jean-Fr. *rue du F. S. Antoine.*

Liotey, Pierre François, *rue de Cléry.*

Lesœur, Someriq, *rue de Reuilly.*

Lefrançois, Remy-Hyac. *rue S. Marc.*

1786.

Laroche, Claude-Jean, *rue S. Sébastien, Pont-aux-Choux.*

Lehaix, Robert, *rue S. Victor.*

Lepeintre, Jean-Baptiste, *grande rue du F. S. Antoine.*

1787.

L'Endormi, Pierre, *près la Barriere Saint-Martin.*

Leclercq, Claude, *rue des Nonaindieres.*

Leneflay, Jacques, *rue de l'Egout d'Antin.*

1788.

Lallemand, (Dlle Elis.) *quai de la Ferraille.*

Larbe, Jean-Nicolas, *rue*

Le Roi, Louis, *rue Maubué.*

Le Comte, (Dlle Marie-Michelle,) *rue S. Bernard, fauxbourg S. Antoine.*

M

1777.

Maigret, J. Jac. *rue Jean-Pain-Mollet.*
Moreau, Jean, *rue de la vieille Eſtrapade.*

1778.

Magot, Pierre-Alexandre, *rue Mouffetard, près les Gobelins.*
Maignier, Louis, *rue de la Huchette.*
Moreau, Charles, *rue neuve Ste Geneviève.*
Mulot, (Dlle Anne Négligot, femme) *rue S. Dominique, au gros Caillou.*

1779.

Merle, (Dlle Françoiſe Michaut, fem.)
Meunier, Victor, *rue du Fauxbourg S. M.*
Monſant, Henri, *rue du F. S. Jacques.*

1781.

Mahaut, Jac. *rue S. Victor.*
Marie, Charles-Sébaſtien, *r. de la Roquette.*
Marſault, Jac. *rue S. Nic. fauxb. S. Ant.*
Martin, Jean, fem. *rue des Carmes.*
Milley, (Dlle Deniſe, v.) *r. de Charonne.*
Morichon, Jean-Bap. *rue Ste Marguerite.*

1782.

Martin, François, *rue de l'Echaudé.*
Millou, Pierre, *rue de Charonne.*
Montarlot, Emmillan, *rue de Seve.*
Morand, (Dlle Anne-Genev. Hervieux, veuve) *grande rue du fauxb. S. Ant.*

Marguery, François, *rue de la Ville-l'Ev.*
Millot, Jean, *rue de Lappe.*

1784.

Miard, (Dlle Lamarre, *rue Jean de l'Epine.*
Martinet, N. Hubert, *rue Grange-Bateliere.*
Mathieu, Georg. Mic. *rue Frépillon.*

1785.

Maigrot, Re. v. Lorein, *r. du Puits, au M.*

178[illegible].

Maſt, Jean-Baptiſte, *grande rue du fauxb. S. Antoine.*
Mazille, Jean-Baptiſte, *rue Thevenot.*
Monfils, (Dlle Mar. Jean. de Monceaux v.) *quai des Miramionnes.*
Maillet, Pierre-Thomas, *rue S. André.*
Moutiez, Jean, *rue de Reuilly.*

1787.

Monnier, (Dlle Anne) *rue n. des Capucines.*
Muraz, Benoît, *rue Trouſſevache.*

1788.

Marcerot, Cl. Barth. *rue du fauxb. S. Ant.*
Mangin, Pierre, *rue du Mail.*
Maray, Joſeph, *rue Tiquetonne.*
Marchand, P. Fr. *rue des Marais S. Mart.*

N

1782.

Nourry, Louis-Dominique, *rue de Seve.*

1784.

Nizard, (Dlle M. A. Poyet, f.) *rue des Marais S. Martin.*

 1787.

Noël, Jean, *rue S. Marc.*

O

1778.

Oiquet, (Dlle Marie-Magd. veu. Vasseur)

1779.

Obé, Claude, *rue du F. S. Denis*, n°. 15.

1782.

Oudré, Je. *r. S. Jacq. près le Val-de-Grace.*

P

1777.

Pachout, Jean-Pierre, *barriere S. Denis.*

Peltier, Charles, *rue du Jardin du Roi.*

Perdigeon, Claude, *rue Mouffetard.*

Pigeon, François, *quai d'Orsai.*

1778.

Perod, Laurent, *rue Montorgueil.*

Portannery, Mathieu, *rue neu. S. Médard.*

Pothery, Jean-Louis, *fauxbourg S. Jacques.*

1780.

Poinssot, Louis, *rue du Cherche-Midi.*

Paillard, Paul, *rue Cadet.*

1781.

Picard, Jean, *rue de Charenton.*

1782.

Peroux, (D'le Marie-Louise Herault, f.) *fauxb. S. Martin.*

Plaize, Ant. *marché des Enfans-Rouges.*

Pommery, Joseph, *rue S. Marc.*

1783.

Piettre, Louis-Barth. *rue de la Chaise.*

1784.

Pillon, Jean-Fran. *gr. rue du F. S. Antoine.*

1785.

Pacaux, Charles-Fidel, *r. Bourbon V. N.*

1786.

Poussepignon, Louis, *fauxb. S. Martin.*

1787.

Polite, Nicolas, *Halle à la Marée.*
Pinçon, Pierre, *hors Barriere S. Martin.*
Piat, Claude, *rue des Fossés S. Bernard.*
Pothier, Dlle Marie, *quai des Miramiones.*
Pernet, (Dlle Magdeleine Raimbaut, F.) *fauxbourg S. Jacques.*

1788.

Placide, Ignace, *rue S. D. cul de-sac Bafour.*
Petit, Alexandre, *rue S. Nic. du Chardonnet.*
Potel, Charles-Honoré, *rue des Boucheries S. Germain.*

R

1777.

Remy, Nicolas, *quai de la Grève.*
Remy, Chrét. *rue de Marivaux.*

1778.

Robas, Joseph, *rue de l'Oseille.*
Rogue, Pierre-Nicolas, *rue S. Dominique.*

1779.

Rouffin, René, *rue des Champs-Elisées.*

1781.

Rion, François, *rue du Menilmontant.*

1782.

Roedet, Jean-Bap. *rue du Noir S. Marcel.*

1783.

Rodollet, Sébastien Louis,

1784.

Roy, (Dlle S. Maréch.) *r. du F. S. Martin.*

1785.

Renier, veuve Guerin, *r. Bourbon, V. N.*

1786.

Randache, Jacques, *rue Mouffetard.*

1787.

Rigout, Etien. Lo. *fauxbourg S. Antoine.*
Royer, Grégoire, *rue Contrescarpe S. A.*

1788.

Rossignol, Jean-Pierre, *rue des Billettes.*
Reval, Jean-Baptiste, *rue N. D. Nazareth.*
Robert, Jean, *rue de la Tabletterie.*

S

1777.

Servart, (Dlle Dejardin, f.) *r. du F. du Temp.*
Sevin, Marguerite, *hors la barriere du fauxbourg S. Martin*, n°. 50.

1778.

Severin, (Dlle Marg) *rue des Angloises.*

1780.

Simonet, François, *rue de Verneuil.*

1781.

Stelitz, Antoine, *gr. rue F. S. Antoine*
Sébastien, (Dlle Marie-Charlotte,)

1782.

Suart, (Dlle Nicolle-Elis. Lahanque, f.)

1785.

Souchet, François, *grande r. F. S. Antoine.*

1786.

Savary, Antoine, *rue Frepillon.*

Sauvage, Jean-Hubert, *rue & montagne Sainte Genevieve.*

Salvage, Durand, *rue de la Savonnerie.*

Singet, Jacques, *rue de Bourbon Villeneuve.*

Sergent, (Dlle Marguerite Millet,) *rue Mouffetard.*

1788.

Sauvi, Marie-Joseph, *rue du Four.*

T

1778.

Tabourin, François, *rue de Charenton, près l'hôtel des Mousquetaires.*

Thoinier, Gilles, *grande rue du F. S. A.*

1780.

Tozé, Jean-Baptiste, *fauxb. S. Jacques.*

Trutat, (Dlle Marie-Cath. Charl.)

1781.

Tamizey, Etienne, *rue de Chabanois.*

Tetard, (Dlle Marie-Magd. Maurus, f. *rue Popincourt.*

1785.

Tourneur, Jean-Etienne, *à la Rapé.*

1787.

Tullian, Jacques, *rue des Sept-Voyes.*

Teulon, Jean François, *rue Mouffetard.*

Travers, Antoine-Jean, *Hôtel des Invalides.*

V

1777.

Veiflach, J. Ch. Fr. *r. des Fossés M. le Prince.*
Vilmeraux, Antoine, *rue des Barres, vis-à-vis celle des Jardins.*

1778.

Vardet, Pierre, *rue de la Mortellerie.*
Voirin, Fr. *rue de Charent. coin de celle Mor.*

1779.

Verpaux, Jean, *rue des fossés S. Bernard.*

1781.

Vallot, Etienne, *rue de Charenton.*

1783.

Varet, Jean-Louis, *r. S. Etienne des grès.*
Vaugeois, (Dlle Marie, femme Julliard,) *rue de la Comete.*

1785.

Viregot Pierre, *fauxbourg saint-Lazare.*

1786.

Villemont, (Dlle M. T.) *r. de Bercy, F. S. A.*

1787.

Valin, (Dlle Elisabeth Mansui, F.) *rue du Chemin de Ménil-Montant.*

1788.

Vablé, Pierre-Henri, *rue*
Vallet, Louis, *rue du Petit-Bourbon.*
Vincent, Jean, *rue Frépillon.*
Verat, Marie, *rue fauxbourg S. Jacques.*

LISTE

De ceux qui ont payé pour la vente de l'Eau-de-Vie ſeulement.

A

1787.

Arſon, François, *Marché neuf*, F. S. *A.*

B

1781.

Bonniol, Jean, *rue de Charenton.*

Brunet, Clément, *grande rue du fauxbourg ſaint-Antoine.*

1786.

Bordin, (Dlle Je. Fran. Soph. f.) *rue Ste Marguerite, F. S. Germ.*

Buret, *paſſage de l'Etoile, aux p. Carreaux.*

C

1781.

Chavanot, Pierre, Vincent, *grande rue du fauxb. S. Antoine.*

Chaudinet, (Dlle Antoine Gelée, femme) *chemin du Menilmontant.*

1785.

Coquet, Edme, *rue Thaitbout.*

Cronier, Pierre, *rue du Temple.*

D

1777.

Dedinbourg, (Dlle Beaulieu, veuve) *rue des Fossés S. Jacques.*

1785.

Darcheules, Jean, *barriere S. Michel.*

Daboncourt, Nicolas, *rue Oblin.*

Duflos, Louis, *rue de la Calandre.*

Derds, Paul, *fauxbourg S. Martin.*

1787.

Durand, Laurent, *rue de la Cossonnerie.*

1788.

De la Sue, (Dlle Marie-Rose,) *F. S. D.*

F

1787.

Ferinol, (Dlle Marguerite Arnoult), *rue Beaubourg.*

Filerain, Aug. César, *Place aux Veaux.*

France, Marie, *rue de Montreuil.*

1788.

Faizot, Anne-Louise, *rue de Bercy S. A.*

G

1784.

Gaudet, Michel, *rue des fossés S. Bernard.*

1785.

Gardal, François, *fauxbourg S. Laurent.*

1786.

Griepon, Louis, *rue de la Verrerie.*

1788.

Gudore, (Dlle Franç.) f. Morizot.

H

1786.

Henin, Ant. Fr. *rue & F. S. Martin.*

J

1781.

Jolly, André, *rue saint-Sauveur.*

L

1782.

Leroux, Antoine, *rue saint-Denis.*

1784.

Lechesne, Joseph, *rue S. Nicaise.*

Lefranc, Sulpice, *rue du Bacq.*

Legrand, Jean, *rue de la Vannerie.*

1787.

Lecomte, (Dlle Victoire), *rue Bergere.*

Leyot, (Dlle Louise), *rue de Sevres, près celle des Brodeurs.*

Lagrange, Philippe-Martin, *rue du fauxb. S. Honoré, près le Roule.*

M

1782.

Maignant, Didier-Anast. *rue de Charenton.*

1785.

Mazier, Pierre-El, *cour S. Jean-de-Latran.*

1787.

Manoury, Charles, *pl. du Palais-Royal.*

Marqui, Louise-Dorothée, *rue des Jardins S. Paul.*

Mullier, (Dlle Marie-Etiennette-Sophie,) *rue de Popincourt.*

P

1781.

Ponsard, (Dlle Anne Baudon, femme) *rue de Charenton.*

1782.

Pointel, Antoine, *place Royale.*

1784.

Prunot, (Dlle M. M. J. Dubois) *F. S. Denis*

1787.

Pomageot, François, *place de Ville.*

R

1778.

Rouyer, Jean, *rue de la Huchette.*

1781.

Rigoley, Pierre, *rue de Charonne.*

1787.

Rouillier, François, *rue du Regard.*

1788.

Rebandin, J. B. *rue du Bout-du-Monde.*

S

1786. 153

Salpetier, (Dlle Marie-Eliſab. le Saux,) *rue de Varenne.*

1787.

Seillier, Michel, *rue S. Sauveur.*

T

1781.

Taſſin, (Dlle Je. Clef,) *r. du Jardin du Roi.*

1787.

Teſtelin, (Dlle Chélabarois, V.) *rue de la Bucherie.*

LISTE

De ceux qui ont payé pour la vente de la Bierre & du Cidre seulement.

A

1777.

Allard, Ed. Tonnellier, *rue de la Tonellerie.*
Allard, Claude, Fruitier, *rue Bailleul.*

1784.

Arnal, Pierre, *fauxb. S. Antoine.*

1785.

Aubouin, Mathieu, *rue de Lancry.*

1788.

Amiot, Jacques-Jérôme, *rue de Cléry.*

B

1777.

Beauvais, Martin, *rue de Bourbon.*
Berger, Pi. Fruitier, *rue des Deux-Ecus.*
Bionne, Quentin, Auberg. *rue S. Marc.*
Blet, Nic. Fruitier, *rue du F. S. Denis.*
Bode, J. Grainier, *rue du F. S. Jacques.*
Boulanger, Cl. Auberg. *r. de Bourbon S. G.*

1778.

Bancelin, J. J. Md. de V. *boul. du Temple.*
Barel, (Dlle Marie-Magdeleine Gende) *rue des Carmes, place Maubert.*
Barlemont, Jean-Joseph, *rue Judas.*
Buis, Jean, Md. de Vin, *rue de Condé.*

Benard, Claude, *vieille rue du Temple.*
Beurgat, François,
Bouvin, Thomas, *rue Beaurepaire.*

1779.

Badonville, Antoine, Md. de Vin, *aux Champs-Elisées.*
Bouchain, Franç. *rue de Bourbon, F. S. G.*

1780.

Bouffard, Claude, *petite rue Taranne.*
Boyer, Antoine, *rue du Four S. Honoré.*

1781.

Barbier, Antoine, *rue du petit Heurleur.*
Baroyer, Ch. Md. de Vin, *rue de Malherbe.*

1781.

Boubert, Philippe, *rue Mouffetard.*
Bretchoux, J. B. Md. de V. *q. de la Grève.*
Breton, Jean, *rue du Battoir.*
Barthelemy, Pierre-Et. *rue S. Benoît.*

1783.

Benault, Jean-Ch. *chem. de Mesnil montant.*
Bertrand, (Dlle Jeanne, fem. Bertrand,) *rue du Champ-Fleuri.*
Bidot, Jean-Pi. *r. du Mar. aux Chevaux.*

1785.

Bedouine, Bap. *rue du Colombier.*

1786.

Berthoneau, (Dlle Cecile)

1787.

Bouffard, (F. Marie Cartier) *rue Jacob.*
Barriere, (Dlle Mar. Th. Ch.) *r. Charlot.*

1787.

Brunet, Clément-Urbain, *grande rue du fauxbourg S. Antoine.*

1788.

Brullé, Etienne, *rue de Rohan.*
Blancher, (Dlle M. J.) *rue des Gravilliers.*
Beru, Julien, *place Louis XV.*
Baudon, Anne, *rue de Charenton.*

C

1777.

Chaſtelin, (Dlle Bourguet, veuve) Fruit. *rue S. François, vis-à vis celle Torigni.*
Chevalier, Paul-Franç. Tonnellier, *rue du F. S. Jacques, après le Val de-Grace.*
Choquet, Nicolas, Grainier, *rue du Jour.*
Colas, Pierre-Nic. *rue du Petit Carreau.*
Colin, Didier, Fruitier, *rue S. Denis.*
Colinet, Claude, Fruitiere, *rue des Orties.*
Coulombier, Noël, Fruit. *rue S. Sauveur.*

1778.

Chaſtel, Jean-Baptiſte-Nicolas, Md. de Vin, *rue des Boucheries, F. S. G.*
Cir, Louis,
Corbet, Jean, Md. de Vin, *boulev. de l'Hôp.*
Couturier, Hubert, *cour du Dragon.*

1779.

Charles, A. (Dlle Laplaine,) *q. h. Tournelle.*
Chatelet, (Dlle Marie-Anne Duval, fem.)
Cotret, Nic. *r. d'Argenteuil, butte S. Roch.*

1780.

Carroy, Jean, *rue de la Harpe.*
Chanany, Durand, *rue Traversiere S. H.*
Chevalier, Pierre, *rue S. Honoré.*

1781.

Chardon, F. *rue de la v. place aux Veaux.*

1783.

Cholain, Jean, *rue du Fauxb. S. Martin.*

1784.

Chardoneret, Marin, *F. S. Antoine.*
Carterie, (Dlle Mar. Gen.) *rue Montorgueil.*

1785.

Chanet, Edme, *rue du Gros Chenet.*
Choquet... Bap. *rue S. Thomas du Louvre.*

1787.

Chuflard, Edme, *rue Ste Anne, au Palais.*
Corû, Jean-Pierre, *rue S. Antoine, vis-à-vis celle Royale.*

1788.

Chavesse, Nicolas, *rue de Vaugirard.*

D

1777.

Daudet, Antoine, Fruitier, *rue du Petit-Lion, fauxbourg S. Germain.*
Davion, F. Fruitier, *rue du Four S. Hon.*
Deslandes, J. Fruit. *rue S. Germain-l'Aux.*
Dombry, Jean, Md. de Vin, *rue des SS. Peres, près celle de Grenelle.*
Dugy, J. Ant. Grainier, *rue Fromenteau.*
Dumont, (Dlle Parti, f.) *rue S. Paul.*

Davot, Pierre-Laurent, *rue aux Ours.*
Douanel, (Dlle Tavernier) *marché d'Aguess.*
Duguet, (Dlle Gaillard, femme) *rue de Berci, fauxbourg S. Antoine.*

1779.

De Verinne, Jean-Bapt. Max. Md. de Vin, *Boulev. coin de la rue Poliveau.*
Duval, François, *rue de Seine S. Germ.*

1781.

Dufour, Jac. Md. de Vin, *rue S. Victor.*

1782.

Deautreppe, Jean-Nicolas, *rue du Bacq.*
Dumoutié, J. Cl. Hyp. *r. d'Anjou S. Hon.*

1783.

Dardelle, J. B. Md de Vin, *rue S. Fiacre.*
Daviot, Nicolas, *boulev. Théâtre Italien.*
Duboille, (Dlle Justice,) *rue & F. S. D.*
Dumanchin, Jean, Md de Vin, *r. du Pélican.*

1784.

Duflos, Louis, *rue de la Calandre.*
Delmotte, Remy, *quai hors Tournelle.*
Durey, Antoine,
Denis, Nicolas, *rue Tiquetonne.*

1785.

Duguet, Mar. Maur. Fr. *rue de Montreuil.*
Delmalle, Remi, *quai hors Tournelle.*
Delattre, Jean,
Des Trois-Maries (Dlle Jeanne-Gertrude, *Gallerie du Palais-Royal.*
Dumay, Alexis-Louis, *rue S. Honoré.*

Descloches, Jean-Bapt. *rue & fauxb. S. D.*
Dubois, Louis-Joseph, *quai hors Tournelle.*
Dhotel, Jean-Bapt. *rue de Bondi.*
Desprez, (Dlle Marie-Magdeleine) *rue des Vieilles Etuves S. Martin.*

1787.

Durand, Laurent, *rue de la Cossonnerie.*
Delorme, Pierre, *port au Bled.*
Duvoir, Louis, *passage de Valois.*
Drouin, François, *r. de Grenelle, près la Croix rouge.*
Delafaix, Martin, *rue des Gravilliers.*

E

1777.

Eger, Mi. Fruitier, *rue du F. S. Jacques.*

1779.

Enguerard, Michel, *rue du Bout-du-Monde.*

1785.

Etienne, Thomas, *rue & Isle S. Louis.*
Etienne, Pierre, *cour du Grand-Cerf.*

F

1777.

Fortier, Jean-Germ. Fruitier, *rue S. Jacques, près celle de la Parcheminerie.*
Fougu, Marguerite, Fruitiere, *rue de Baune, fauxbourg S. Germain.*

1779.

Folcade, Hippolyte, *rue du Monceau.*

1780.

Frotin, Jean-Bapt. *rue de la Tacherie.*

1783.

Folliard, (Dlle Cath. Rose,) *n. pl. aux V.*

1785.

Foucault, Etienne, *rue du Temple.*
Frédéric, Jacques, *Gal. du Palais-Royal.*

G

1777.

Garnier, J. Ma. Crêmier, *v. rue du Temple.*
Gaultier, François, *rue de Bercy, F. S. A.*
Geoffroy, Eustache, *rue S. Nicaise.*
Gissien, Jean-Baptiste, Fruitier, *rue de Seve, près la Croix-Rouge.*
Goy, Jean, Md. de Vin, *rue de Gêvres.*
Grevin, Louis-Antoine, Md. de Vin, *rue Vivienne, près celle Colbert.*
Grugeon, Pierre-Théodore, *rue des Boucheries S. Germain, près le Sabot.*

1778.

Gallien, Pierre, *rue du Dauphin.*
Gibrat, Jean, *place Louis XV.*
Goussclot, Nicolas, *rue de Reuilly.*
Grimard, Guillaume, *rue des Anglois.*
Guyot, Quentin, *rue du F. S. Martin.*

1779.

Girod, Jean-Philbert, *quai de la Greve.*
Gobin, Ni.

1780.

Gallier, Nicolas, *rue du v. Colombier.*
Gourdin, Nicolas, *rue du F S. Martin.*

1781.

Gallet, Antoine, *grande rue du F. S. Ant.*
Godet, Nicolas, *rue des vieilles Tuileries.*
Grandhomme, J. Lo. *rue des Marmouzets.*

1782.

Garnier, Leger, *rue Poissonniere.*

1784.

Grosbois, Jacques, *rue Montmartre.*
Grugil, Jean-Bap. Grainier, *rue du Mail.*

1785.

Girard, Jean-Philibert,
Guérin, Pierre, *rue d'Enfer saint-Michel.*
Guillat, François, *rue des Gravilliers.*

H

1778.

Henneveu, J. B. Md. de vin, *boul. du Temple.*

1780.

Haupais, Jean, *rue du Temple.*
Hequet, Jean-Pierre, *rue du Plâtre S. Jac.*
Huriffel, R. J. Md. de V. *rue S. Dominique.*

1781.

Hervé, Philippe, *rue de Lappe.*

1783.

Hériffon, (Dlle Marg.) *r. des F. M. le Pr.*

1787.

Heverard, Jean-Hubert, *rue de Belle-Chasse.*

1788.

Héron, Jacques, *rue du Four S. G.*

J

1777.

Julin, Charles, *rue Pagevin.*

1781.

Jouvenot, François, *rue des Beaujollois.*

1788.

Julienne, Simone, *rue de Beauvais.*

Juittard, Claude-Joſeph, *r. S. Dominique.*

L

1777.

Langlois, François, Fruitier-Oranger, *vieille rue du Temple.*

Ledoux, Firmin, Grainier, *marché S. Jean.*

Lemaſſon, Pierre, *rue des trois Piſtolets.*

Lenain, (Dlle Berton,) Grainiere, *rue du Petit Carreau.*

Leroux, François, Fruitier, *rue Tireboudin.*

Leſeſtre, Jean-Fr. Fayancier, *rue S. Paul.*

Leſueur, Ad. Fruitier, *rue de Grenelle S. H.*

Levêque, Jean-François, Fruitier, *rue de la grande Truanderie.*

Lorſignol, Jacques-Joſeph, Grainier,

1778.

Lacroix, Claude-Etienne, *rue de Grenelle, au gros Caillou.*

Legrand, (Dlle Marie-Anne) *rue de Braque.*

Lenoir, Louis-Michel,

Loyſot, Jacq. *F. S. Martin, hors barriere.*

1779.

Lebidois, Georges, *rue Bourg-l'Abbé.*

Legrand, Jean, *rue du fauxb. S. Martin.*
Leroux, Barthelemi, *rue de Courty.*
Logery, Pierre-Vincent, *rue Poiſſonniere.*

1780.

Lainé, Pierre, *rue S. Germain-l'Auxerrois.*
Ledreux, (Dlle Marie-J. Charpentier, f.)
Lefevre, Jean-Franç. *r. neu. de Richelieu.*
Leplée, Noël, *rue Charlot.*

1781.

Laverſin, Antoine, *rue ſaint-Paul.*
Lebey, Nicolas, *rue du Four S. Germain.*
Lépinay, G. Md. de Vin,
Leſgranges, Hyacinte-Avril,
Leſguillon, Hilaire,

1782.

Legras, Louis, *rue de a Tixéranderie.*

1783.

Lebret, (Dlle Genev. Ang.) *r. du F. S. Ma.*
Lemaire, Jean-Gervais, *Boulev. S. Martin.*

1785.

Lefebure, Louis-Phil. *r. du vieux Colombier.*
Lair, Marin, *rue des grands Auguſtins.*
Leſaux, Dlle Mar. Eliſab. *r. de Varenne.*
Louet, Marie-Anne-Chriſtine.
Lenoel, Jean-Antoine, *rue n. ſaint-Denis.*
Leprat, Noel, *rue de Vaugirard.*

1786.

Ledard, Jacques, *rue d'Enfer S. Michel.*

1787.

Laforeft, Jean-Bapt. *v. rue du Temple.*

1788.

Le Villain, François, *rue du Vertbois.*

Le Blanc, Jean-Claude, *rue du Temple.*

M

1777.

Maire, Nicolas, Fruitier, *rue S. Denis, près le cul-de-ſac Baffour.*

Mariglier, Franç. Fruitier, *rue de Bourbon-Ville-Neuve, près la Boucherie.*

Modin, Jean, Fruitier, *rue S. Bon.*

Muron, Triftian-François, Traiteur, *rue de Tournon.*

1778.

Maréchal, Louis, *rue des Beaujolois.*

Mathey, Jean-Baptifte, *rue du Fauxbourg S. Antoine, près celle Montreuil.*

Meftar, Pi. *rue de Seine, fauxb. S. Germ.*

1779.

Meunier, Jean, *rue des Vieux-Auguſtins.*

1782.

Moris, Franç. *rue du fauxb. S. Jacques.*

1783.

Maignant, Did. Ath. *r. des Boucheries S. G.*

1784.

Mary, Sim. Gab. *rue des Prouvaires.*

Martinet, Cha. *chemin de Meſnil le Montant.*

Maguelin, Jean-Nicolas,

1785.

Meimbak, J. B. *grande r. du F. S. Antoine.*

Moreau, Jean, *rue*
Martigny, Hubert, *rue du Bacq.*
Mercier, Jean-Yves,
Mazure, Dlle Marie-Luce,

1786.

Meplain, Simon.
Martin, Louis-Matthieu, *rue Jacob.*
Maizieres, N. R. Md. de Vin, *B. du Temp.*

1787.

Maſſiette, Jean-Bapt. Médard, *r. S. Louis, au Marais.*
Morel, (F. Eliſab. Bettinger,) *r. Caſſette.*

1788.

Mercier, Philippe *rue du Cherchemidi.*
Mille, Claude, *boulevard du Temple.*

N

1778.

Noel, (Dlle Cat. Clément) *port au Plâtre.*

1781.

Norgeot, Mi. Md. de Vin, *r. de la Roquette.*

P

1777.

Pacard, (Dlle Breton, fem.) *rue du Temple.*
Panis, Claude, *rue de la Harpe.*
Perdier, (Dlle Nolain, fem.) *rue des Deux-Portes, près celle Thevenot.*
Pichenot, Claude, Fruitier, *rue des Mauvais Garçons, près celle de Buſſy.*
Pichon, Jacques, Fruitier,

1777.

Ponchon, Antoine, Grainier, *rue de la chaussée d'Antin.*

Pouchel, Joseph, Grainier, *rue des Orties.*

Prin, Antoine, Fruitier, *rue Verderet.*

1778.

Perrot, Claude, *rue de la Licorne.*

Petit, (Dlle Cosme) *r. du P. Lion, S. G.*

Pigeard, Jean, *rue Bordet.*

1779.

Pottemin, François-Louis, *rue Bordet.*

Pron, Fr. Ad. *rue S. Germain-l'Auxerrois.*

Prusse, Pierre-Alexis, *rue du Sépulcre.*

1780.

Paul, François, *rue du Chantre.*

1781.

Pillois, Jean-Baptiste-Charles,

Pinon, Edme, *grande rue du F. S. Antoine.*

Prevost, (Dlle Jeanne-Josephe de Mamet)

Poullain, Grégoire, *rue du fauxb. S. J.*

1782.

Pouchain, Aug. *rue du marché aux Chevaux.*

1783.

Papegai, Jos. Md de Vin, *r. d. Marmouzets.*

Peron, Lo. Md de Vin, *quai de la Féraille.*

1784.

Prat, Pierre-Jacques, *rue d'Artois.*

1785.

Poulain, Nicolas, *rue Ste Anne au Palais.*

Pelletier, Nicolas, *rue des petits Augustins.*

1786.

Peille, Jean-Pierre, *rue du Plâtre S. Jacq.*

Pichet, Jean-Bapt. Leger, *rue de Verneuil.*
Philipel, Jérôme, *rue des v. Thuilleries.*
Piot, Etienne, *rue de Lancry.*

1788.

Pointel, Touſſaint, *rue Jean-Robert.*
Pelletier, (Dlle Ma. An.) *rue de la Chaiſe.*

R

1777.

Regnié, L. Grainier, *rue du F. Montmartre.*
Richard, Chriſtophe, Grainier, *rue neuve des Petits-Champs.*
Rumian, P. Grainier, *r. du F. Montmartre.*

1778.

Richard, Cl. Fr. *rue des Cannettes.*

1779.

Rétou, René, *rue de l'Arbalête.*

1780.

Roblin, Jacques, *rue S. Nicolas, F. S. An.*

1781.

Rodt, Paul-Joſeph, *fauxb. ſaint-Martin.*
Regnault, Nicolas-Etienne, *port au Plâtre.*

1783.

Robin, Nicolas, *rue du Cimetiere S. André.*

1785.

Rachis, Louis,
Rouby, Dlle Jeanne, *rue Traverſiere.*

1786.

Robin, Jean-Guill. *rue de Bourbon Villen.*
Renaux, Jean-Bapt. *rue des v. Auguſtins.*
Riot, Jean, *rue Favart.*

S

1777.

Saget, Nicolas, Fruitier, *rue de Cléri*,
Sory, Guillaum. Fruitier, *Cloître S. Benoît.*

1781.

Savarin, (Dlle Marie-Magd. Gambon, f.)

1782.

Saulnier, Antoine, *rue S. Paul.*

1783.

Sera, (Dlle A. f. Lefevre,) *r. Coquenard.*
Suzan, Louis, *quai des Miramionnes.*

1786.

Sadoux, Jean-Bonav. *rue S. Denis.*

T

1777.

Thomas, Hy. Fruitier, *r. & isle S. Louis.*
Toulorge, Thomas, Grainier, *rue de l'Université, près celle du Bacq.*

1779.

Thiery, Pi. *rue de la Poterie, près la Greve.*
Truchy, Edme, Md. de Vin, *Boulevard, coin de la rue Xaintonge.*
Tariot, (Dlle Mar. Elis.) *rue de la Bourbe.*

1780.

Tonneau, Charles-Henri, Md. de vin, *rue Jean S. Denis.*

1783.

Thomas, Claude, Md de Vin, *r. S. Jacq.*

1784.

Terrier, Aubert, *rue de Bondy.*

1785.

Tricard, Pierre, *rue de Bondy.*
Thierry, François-Michel, *rue Etienne.*

1786.

Touſſaint, J. Fr. *rue des Boucheries S. H.*

V

1779.

Vautrin, François-Amand, *au bon Paſteur, F. S. Denis.*

1780.

Wchard, (Dlle Marie Hébert, veuve)
Villemaut, Ren. *rue Ste Marguerite.*

1781.

Verner, Pierre, Md. de Vin, *rue Jean S. Denis.*

1783.

Vaſſeur, Pierre, *rue du Jardin-du-Roi.*

1784.

Vion, Jean-Louis, *rue des Anglois.*

1785.

Vauroofmalen, Joſ. Lamb.

U

1786.

Urbin, François, *rue des Gravilliers.*

Y

1780.

Ygonel, Barthelemi, *rue Poupée.*

LISTE

Des Particuliers qui ont payé le dixiéme de la Maîtrise.

B

Babron, Pierre, *rue de Grenelle, près celle des Rosiers.*

Baudelaire, Nicolas-Michel,

Blouquin, Claude, *rue S. Victor, près celle d'Arras.*

Bonnaire, Jean-Baptiste, *rue d'Anjou.*

Bouffaingault, Franç. *rue de la Tournelle.*

Bufleau, Pierre, *rue du F. S. Denis.*

C

Cadot, Pierre, *rue du Four S. Honoré.*

Collot, Jean-Antoine, *rue Françoise.*

Cordier, Joseph, *sous les petits Piliers des Halles.*

D

Deloizment, Louis-Pi. *rue S. Philippe.*

Doucet, Jean, *rue Galande.*

F

Farci, Antoîne, *rue Mouffetard*, *près celle Pot-de-Fer.*

Ferriere, Vincent, *rue S. Lazare*, *près la Barriere Blanche.*

Frain, Gilles, *rue Croix des petits Champs.*

G

Germain, (Dlle Broudichon, femme) *rue du Bouloir.*

L

Lambert, Pierre, *rue Maubuée*, *près celle du Poirier.*

Laroque, Guillaume, *rue Galande.*

Lavallette, (Dlle Blauchin, femme) *rue de Bercy*, *cimetiere S. Jean.*

Letellier, Jacques, *rue & vis-à-vis les murs S. Martin.*

M

2 Maſſourre, (Dlle Brivois, femme) *rue de la petite Fripperie.*

Meſnard, Laurent, *rue Betizy.*

Moliette, (Jeanne Thibaut, fem.) *rue S. Jacques.*

N

Nivard, Nicolas, *port au Bled.*

P

Pion, (Marcelle Mielle, f.) *porte S. Ant.*

R

Rebuffet, Noël, *rue Feydeau.*
Ridel, Jean-Pierre, *rue Quincampoix.*

S

Saint-Leu, (Dlle Garnier, femme) *rue sainte-Marguerite, fauxb. S. Antoine*

T

Thiellay, François-Robert, *rue du fauxb. S. Martin, près les Récolets.*

V

Veslé, Antoine, *rue des Fossés Saint-Germain-l'Auxerrois.*

LISTE

Des Gagnans Maîtrise à la Trinité.

Jean Queſtamps, 28 Avril 1778.
Je. Lo. Pa. le Devin, 23 Nov. 1777.
Stabellier, Pi. des Roziers, 11 Avril 1780.
Touſſaint, Nic. Rocard, *rue de la Planche-Mibray*,

Privilégiés de la Prévôté de l'Hôtel.

Pierre Lange, Epicier, *coin des rues du Petit-Pont & de la Huch.*
Alexis-André Marc, Limonadier, *rue S. Martin, coin de celle Jean-Robert.*
Jean Latteux, Epicier, *coin des rues du Marché S. Jean & de la Tixéranderie.*
Mémi Le Roy,

RÉCAPITULATION.

PREMIER TABLEAU.

Limonadiers	50	234	1319
Vinaigriers	118		
Veuves	66		
Nouveaux Maîtres	1059	1185	
Maîtresses	126		

DEUXIEME TABLEAU.

Premiere Partie.

Limonadiers	267	360	471
Veuves	93		

Deuxiéme Partie.

Vinaigriers	102	111	
Veuves	9		

TROISIEME TABLEAU.

Premiere Partie.

Agrégés pour l'Eau de-Vie, Bierre & Cidre	317	692
Deuxieme Partie.		
Idem. Pour l'Eau de-Vie	50	
Troisiéme Partie.		
Idem. Pour Bierre & Cidre	288	
Quatriéme Partie.		
Idem. Au Dixiéme	29	
Gagnans Maîtrise à la Trin.	4	
Priv. de la Prévôté de l'Hôt.	4	

TOTAL GÉNÉRAL. . . 2482

www.ingramcontent.com/pod-product-compliance
Ingram Content Group UK Ltd.
Pitfield, Milton Keynes, MK11 3LW, UK
UKHW021119220726
13924UKWH00004B/1802